野生植物花部结构

FLORAL CONSTRUCTURE OF WILD PLANTS

马　良　陈永滨　付厚华　陈世品

／

主　编

海峡出版发行集团 THE STRAITS PUBLISHING & DISTRIBUTING GROUP | 福建科学技术出版社 FUJIAN SCIENCE & TECHNOLOGY PUBLISHING HOUSE

图书在版编目(CIP)数据

野生植物花部结构 / 马良等主编 . —福州：福建科学技术出版社，2023.11
ISBN 978-7-5335-7044-6

Ⅰ . ①野… Ⅱ . ①马… Ⅲ . ①野生植物 - 花部形态 - 研究 Ⅳ . ① Q949 ② Q944.58

中国国家版本馆 CIP 数据核字（2023）第 116834 号

书　　名　野生植物花部结构
主　　编　马良　陈永滨　付厚华　陈世品
出版发行　福建科学技术出版社
社　　址　福州市东水路76号（邮编350001）
网　　址　www.fjstp.com
经　　销　福建新华发行（集团）有限责任公司
印　　刷　福州德安彩色印刷有限公司
开　　本　787毫米×1092毫米　1/16
印　　张　13.5
字　　数　328千字
版　　次　2023年11月第1版
印　　次　2023年11月第1次印刷
书　　号　ISBN 978-7-5335-7044-6
定　　价　118.00元

编委会

主　编

马　良　陈永滨　付厚华　陈世品

副主编

柳明珠　陈新艳

编写人员

按姓氏音序排列

毕远洋　蔡　琦　陈　帅　陈佳婷　陈世品

陈淑芳　陈新艳　陈永滨　付厚华　黄秋淋

李　凡　连　辉　林　华　林　晟　林汉鹏

林文俊　林毅喆　柳明珠　罗　萧　罗开金

马　良　倪必勇　沈　军　余玉云　朱艺耀

前言

属（Genus）是植物分类的自然单位之一，把一些分类学上近缘的物种集合在一起就形成属的概念，大约相当于日常交流中常用的类，比如松类、蔷薇类。属的多样性很高，同一个属的物种往往有很高的相似度，属内各种之间的重要特征一致，如叶型、叶序、花被数目、花被形状和颜色、果实类型和大小等，甚至生活型、生存环境均较相似，而种间分化往往表现在同一表型性状的较小数量级的差异上。

花部结构是最重要的判断属的依据，同一个属的花部构件可以形成较为固定的结构模式，一般表现在花序类型、花构件的数量和着生方式、色彩、朝向、花药类型、子房和花柱的形状、附属物及一些该属特有的形态结构等。稳定的花部结构，可以反映出花部的特定功能，如花色、蜜腺对应的传粉媒介，花药类型对应的传粉方式，开花对环境的适应以及传达属间的亲缘关系信息等。花部模式的建立，同时也可以为认识和描述植物的精细结构提供生动的材料。

课题组成员长期致力于福建省植物研究。福建地处中国东南，山地、丘陵约占全省土地总面积的 90%，地形复杂，水热条件好，水系纵横，生物多样性丰富独特。境内原生被子植物约有近 200 科 3800 多种，这些种隶属于 1200 多个属。

《野生植物花部结构》收录福建常见植物 100 属 100 种，按 APG IV系统分类，以科为纲排列，对每种植物的花部结构进行解剖，附有精美的解剖图，并标注各个部位的重要识别特征，构建了花部模式，对植物进化、形态发育和作物育种等领域的研究均具有十分重要的科学意义。

希望本书能够为人们更好地使用工具书和认识自然类群提供帮助。花海取珠，形色治模，可飨初心。

编者

2023 年 4 月

目录

2 松科
2 黑松
4 马兜铃科
4 尾花细辛
6 柔叶关木通
8 番荔枝科
8 光叶紫玉盘
10 樟科
10 阴香
12 闽楠
14 天南星科
14 天南星
16 藜芦科
16 七叶一枝花
18 百合科
18 野百合
20 兰科
20 竹叶兰
22 流苏贝母兰
24 多叶斑叶兰
26 镰翅羊耳蒜
28 香港带唇兰
30 台湾白点兰
32 线柱兰
34 阿福花科
34 山菅兰
36 天门冬科
36 多花黄精
38 竹根七
40 罂粟科
40 夏天无
42 血水草
44 木通科
44 三叶木通

46 **小檗科**
46 六角莲

48 **毛茛科**
48 柱果铁线莲
50 还亮草
52 扬子毛茛

54 **山龙眼科**
54 网脉山龙眼

56 **金缕梅科**
56 假蚊母
58 檵 木

60 **鼠刺科**
60 峨眉鼠刺

62 **虎耳草科**
62 虎耳草

64 **景天科**
64 日本景天

66 **豆 科**
66 香花鸡血藤
68 红豆树
70 白车轴草

72 **蔷薇科**
72 蛇 莓
74 石 楠
76 石斑木
78 金樱子
80 蓬 蘽

82 **桑 科**
82 构
84 薜 荔

86 **壳斗科**
86 米 槠
88 青 冈

90 **胡桃科**
90 化香树

92 **木麻黄科**
92 木麻黄

94 **酢浆草科**
94 红花酢浆草

96 **杜英科**
96 猴欢喜

98 **金丝桃科**
98 金丝桃

100 **堇菜科**
100 七星莲

102 **大戟科**
102 木油桐

104 **牻牛儿苗科**
104 野老鹳草

106 柳叶菜科
106 毛草龙
108 野牡丹科
108 印度野牡丹
110 漆树科
110 漆
112 无患子科
112 樟叶槭
114 芸香科
114 山油柑
116 两面针
118 楝　科
118 麻　楝
120 楝
122 绣球花科
122 常　山
124 凤仙花科
124 阔萼凤仙花
126 柿　科
126 野　柿
128 锦葵科
128 白背黄花稔
130 报春花科
130 泽珍珠菜
132 假婆婆纳
134 安息香科
134 赛山梅
136 猕猴桃科
136 中华猕猴桃
138 杜鹃花科
138 杜　鹃
140 茜草科
140 玉叶金花
142 白马骨
144 夹竹桃科
144 台湾醉魂藤
146 络　石
148 旋花科
148 五爪金龙
150 茄　科
150 少花龙葵
152 木樨科
152 小　蜡
154 苦苣苔科
154 闽赣长蒴苣苔
156 贵州半蒴苣苔
158 大花石上莲
160 钟冠报春苣苔

162 车前科
162 阿拉伯婆婆纳
164 爵床科
164 板　蓝
166 紫葳科
166 猫爪藤
168 狸藻科
168 禾叶挖耳草
170 唇形科
170 金疮小草
172 益母草
174 喜雨草
176 南丹参
178 韩信草
180 田野水苏
182 泡桐科
182 白花泡桐
184 冬青科
184 毛冬青
186 桔梗科
186 羊　乳
188 菊　科
188 鬼针草
190 蓟
192 牛膝菊
194 五福花科
194 吕宋荚蒾
196 忍冬科
196 莛梗花
198 忍　冬
200 海桐科
200 海金子
202 中文名笔画索引
204 拉丁学名索引

野生植物花部结构

黑 松

Pinus thunbergii Parlatore

松科 Pinaceae

松属 *Pinus*

松科

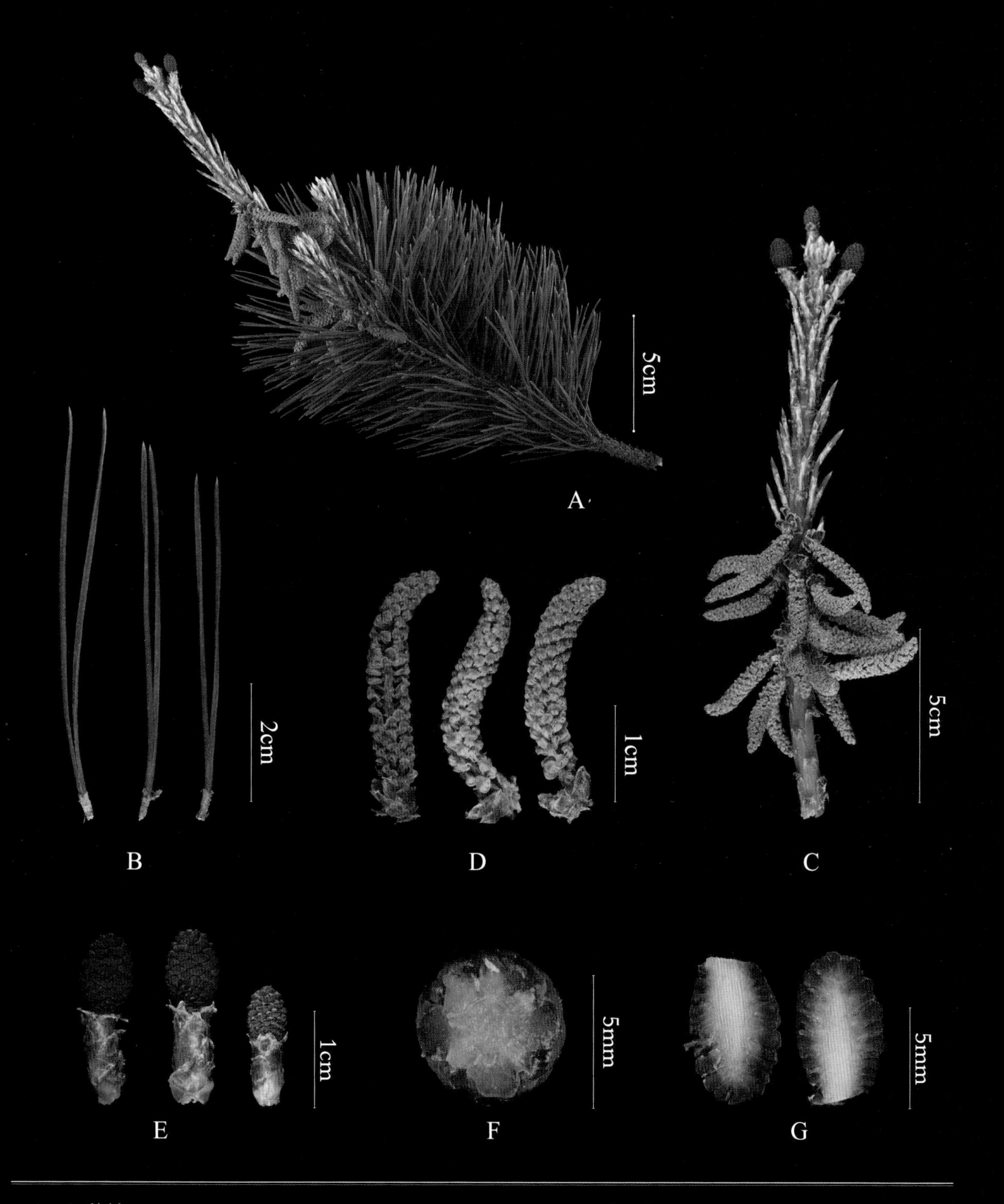

· A：开花枝。
· B：针叶2针一束，粗硬，深绿色，长6~12cm。
· C：雄花序聚生于新枝下部，雌花序生于新枝近顶端。
· D：雄球花淡红褐色，圆柱形，长1.5~2cm，聚生于新枝下部。
· E：雌球花淡紫红色或淡褐红色，卵圆形，直立，有短梗。
· F：雌球花横切。
· G：雌球花纵切。

尾花细辛

Asarum caudigerum **Hance**

马兜铃科 Aristolochiaceae

细辛属 *Asarum*

马兜铃科

· A：全株具多细胞的节状长毛；花单生于叶腋。
· B：叶卵状心形或 三角状卵形，顶端锐尖，基部心形，叶柄长 14~25 cm。
· C：花侧面观，花被裂片直立，下部靠合如管。
· D：花正面观，花被上部分离，裂片 3 枚。
· E：花柱合生。
· F：花被外面被柔毛，先端骤窄成细长尾尖，尾长可达 1.2 cm。
· G：雄蕊比花柱长，药隔伸出，锥尖或舌状；果柄具长柔毛。
· H：果近球状；种子形似“贝齿”，长约 3mm。

柔叶关木通

Isotrema molle (Dunn) X. X. Zhu, S. Liao & J. S. Ma

马兜铃科 Aristolochiaceae

关木通属 *Isotrema*

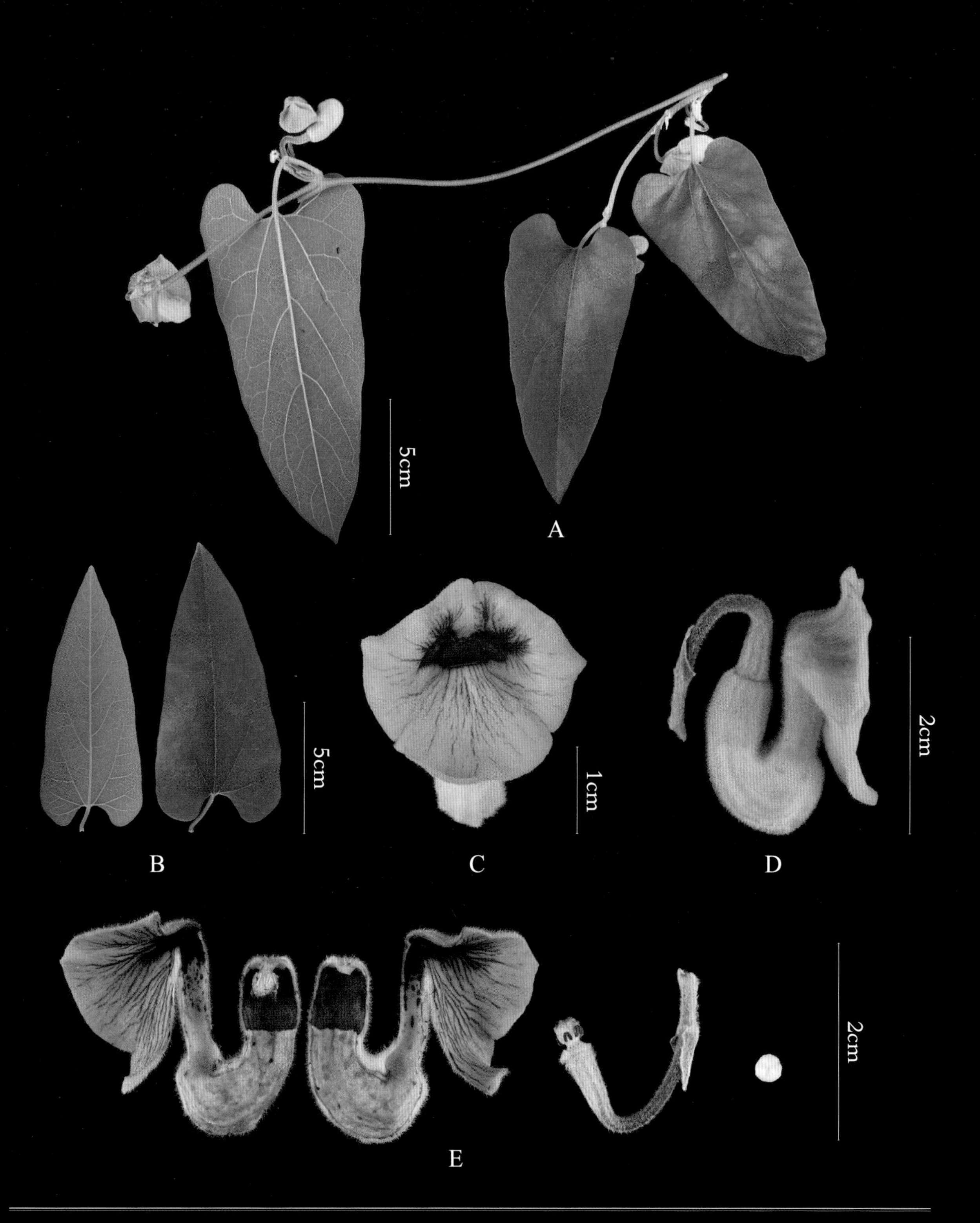

· A：草质藤本，茎被微柔毛或无毛；花单生于叶腋。

· B：叶长三角状心形或长卵状心形，长为宽 2 倍以上；顶端钝，基部心形，全缘，两面具白色绢质长毛。

· C：花正面观，檐部扩张成喇叭形，3 浅裂。

· D：花侧面观，花被管“U”字形弯曲，黄绿色，外被绢质长柔毛。

· E：花纵切，内有紫色放射状条纹；雄蕊 6 枚，围绕花柱排成 1 轮；柱头 3~6 裂；果圆柱形。

光叶紫玉盘

Uvaria boniana Finet et Gagnep.

番荔枝科 Annonaceae

紫玉盘属 *Uvaria*

番荔枝科

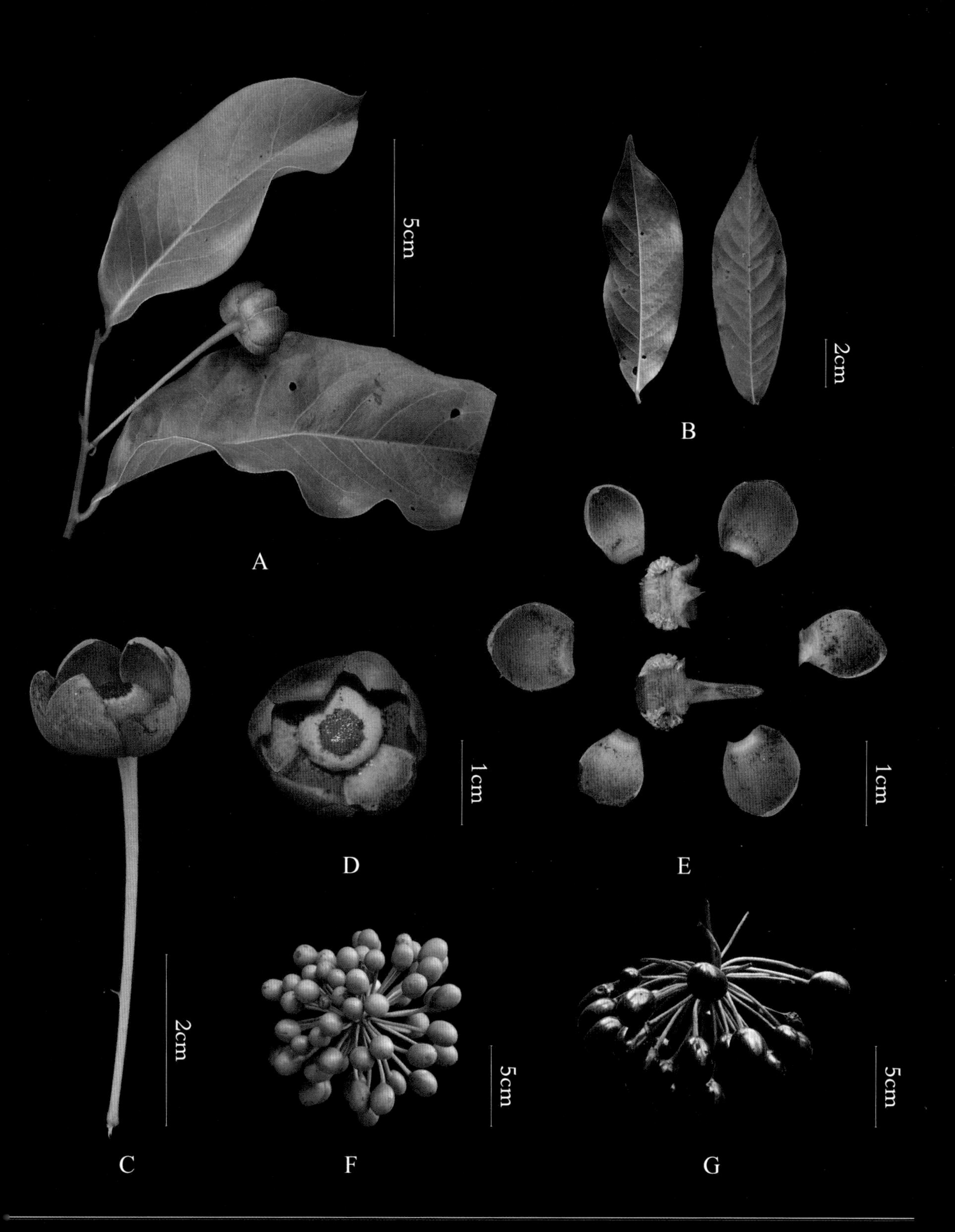

· A：花 1~2 朵与叶对生或腋外生。
· B：叶纸质，长圆形至长圆状卵圆形，长 4~15cm，宽 1.8~ 5.5cm，侧脉 8~10 对。
· C：花梗细长，长 2.5~ 5.5cm。
· D：花紫红色。
· E：花萼小，长 2.5~3mm；花冠革质，2 轮，外轮花瓣阔卵形，长和宽约 1cm。
· F：果球形或椭圆状卵圆形，直径约 1.3cm；果梗细长。
· G：果成熟时紫红色，无毛。

阴　香

Cinnamomum burmanni (Nees & T. Nees) Blume

樟科 Lauraceae

樟属 *Cinnamomum*

樟科

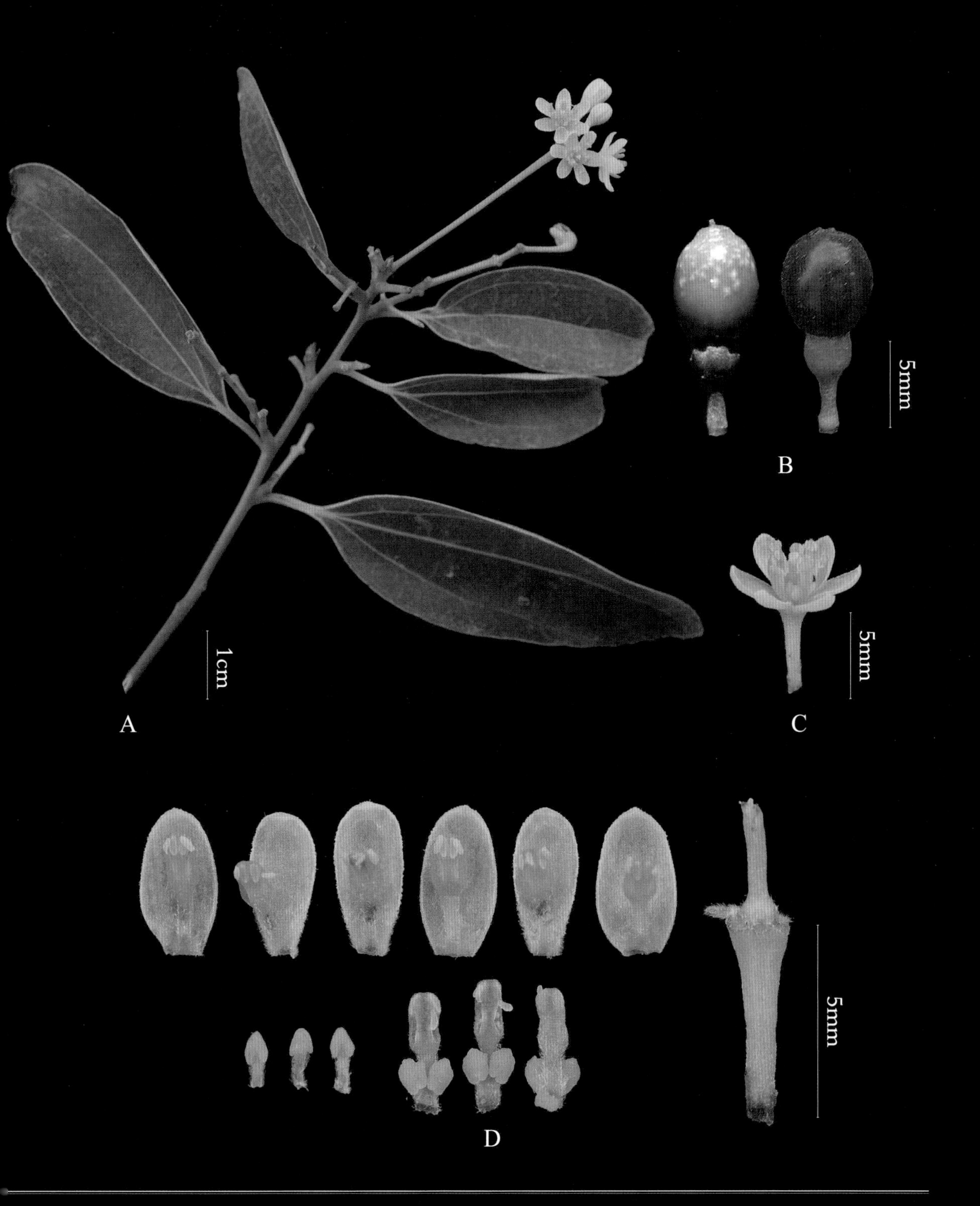

· A：乔木；叶互生或近对生，卵形至披针形，离基三出脉；圆锥花序，被微柔毛。

· B：果长卵形，长 7~9mm；果托高 4mm，具 6 齿。

· C：花黄白色，直径 7~ 10mm。

· D：花被片长圆状卵形，两面密被灰白色柔毛；能育雄蕊 9 枚，退化雄蕊 3 枚（心形）。

闽 楠

Phoebe bournei (Hemsl.) Yang

樟科 Lauraceae

楠属 *Phoebe*

· A：乔木；小枝有毛或近无毛；叶革质，披针形或倒披针形，长 7~13cm，宽 2~3cm；侧脉 10~14 对，下面明显网格状；花序生于新枝中、下部。

· B：叶常聚生于枝顶，互生。

· C：圆锥花序，被毛，长 3~7（~10）cm。

· D：花被片卵形，长约 4mm，两面被短柔毛；能育雄蕊 9 枚，3 轮；退化雄蕊三角形；子房近球形，柱头帽状。

天南星

Arisaema heterophyllum Blume

天南星科 Araccac

天南星属 *Arisaema*

天南星科

· A：草本；叶片鸟足状分裂，裂片 11~19 枚，条状披针形。
· B：雄花具柄，白色，花药 2~4 枚，顶孔横裂。
· C：花序附属器向上细狭，长 10~20cm；佛焰苞粉绿色，管部圆柱形，长 3.2~8cm，檐部卵状披针形，长 4~9cm。
· D：佛焰苞檐部下弯，几呈盔状。
· E：浆果，圆柱状，成熟时黄红色，长约 5mm。

七叶一枝花

Paris polyphylla Smith

藜芦科 Melanthiaceae

重楼属 *Paris*

藜芦科

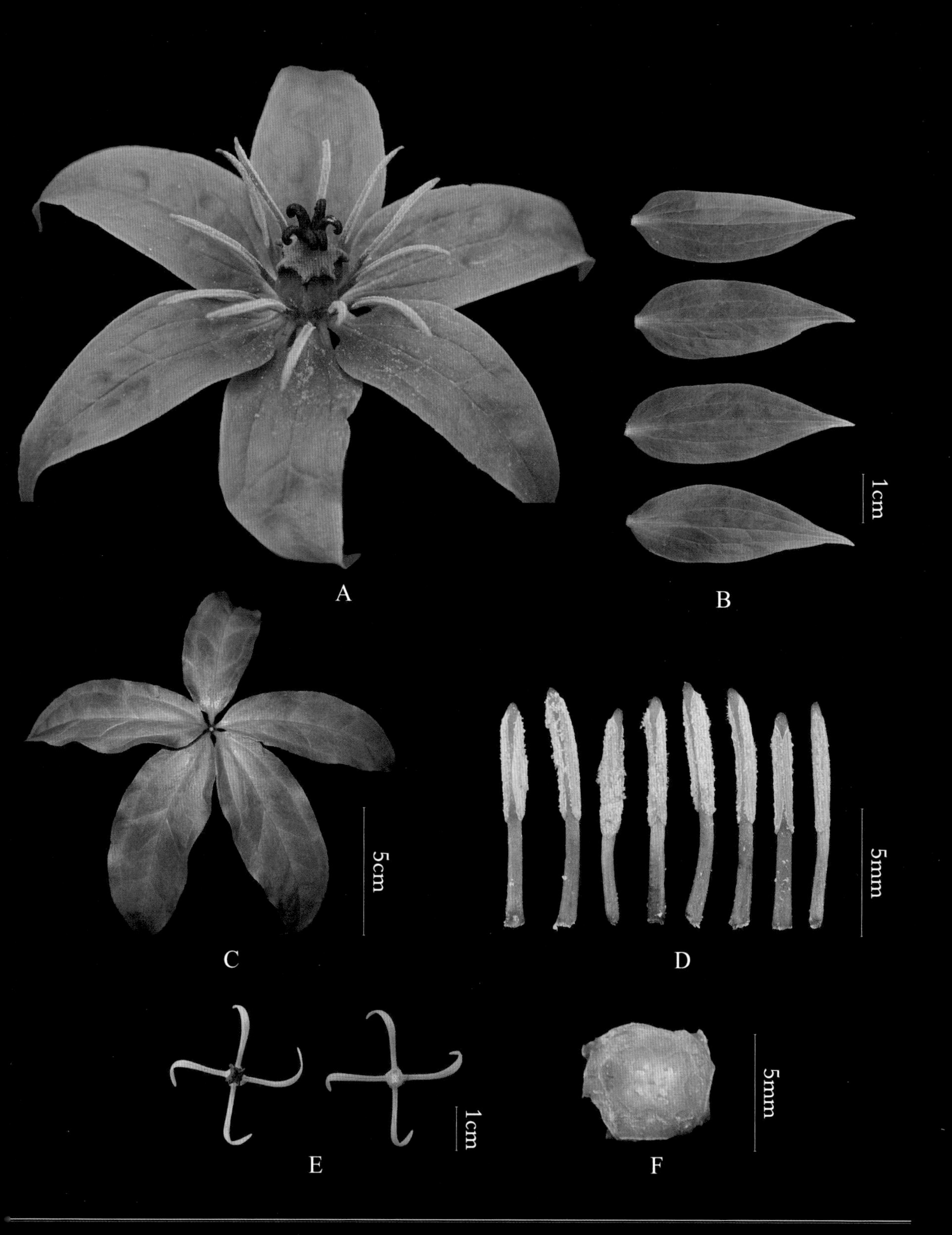

· A：草本；花单生于叶轮之上，花被片离生，2 轮排列；花柱粗短，具分枝。

· B：叶倒卵状披针形、矩圆状披针形或倒披针形，基部通常楔形。

· C：叶 5~10 枚轮生，通常 7 枚。

· D：雄蕊 8~12 枚，花丝扁平，花药条形，基着生。

· E：内轮花被片狭条形，通常中部以上变宽，宽 1~1.5 mm，长 1.5~ 3.5 cm。

· F：子房 5~6 室，每室有胚珠 2 颗。

野百合

Lilium brownii F. E. Brown ex Miellez

百合科 Liliaceae

百合属 *Lilium*

百合科

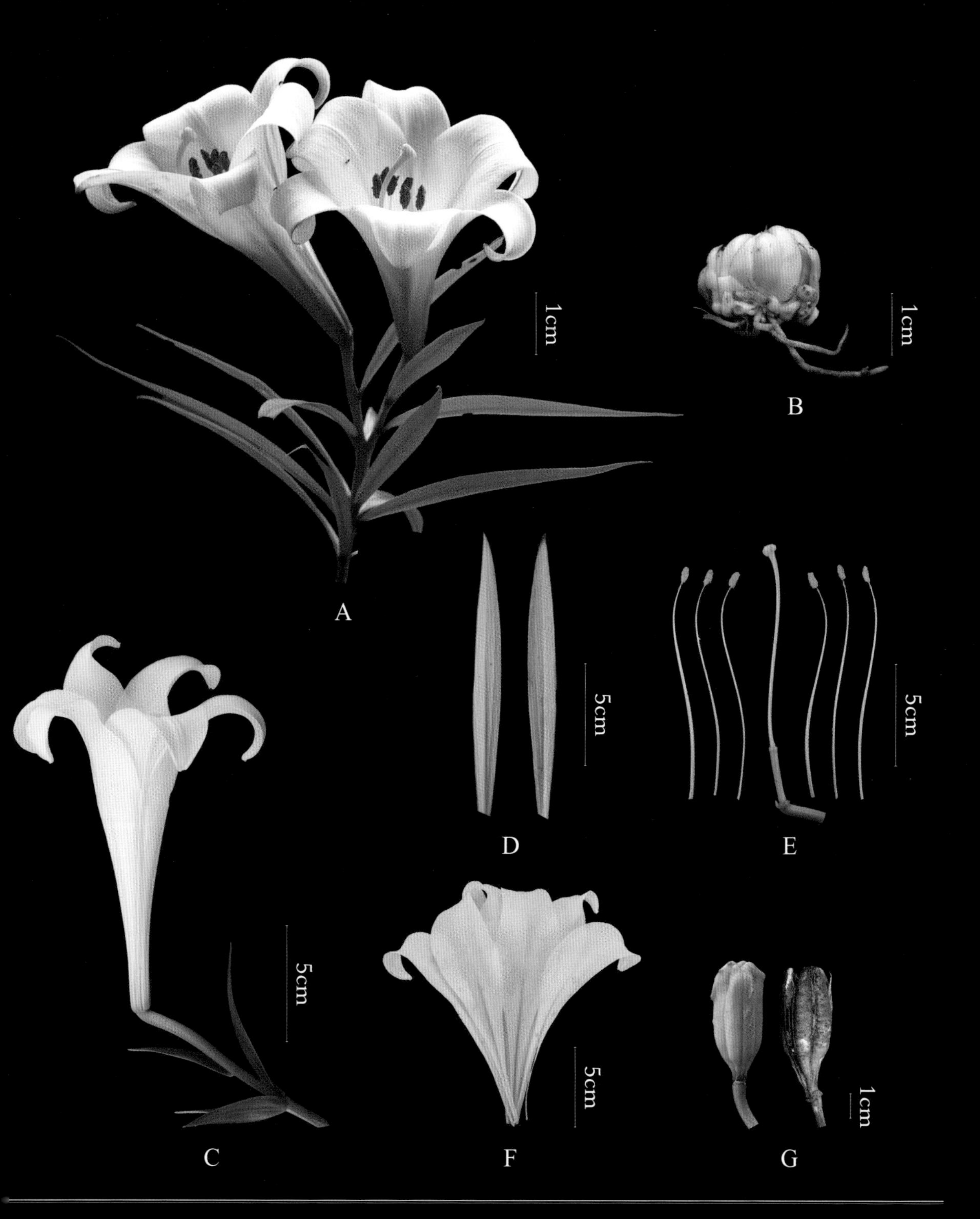

· A：草本；茎高 0.7~2m；花单生或几朵排成近伞形。
· B：鳞茎球形；鳞片披针形，无节，白色。
· C：花喇叭形，乳白色，无斑点，向外张开或先端外弯而不卷，长 13~18cm。
· D：叶披针形至条形，具 5~ 7 脉，全缘，两面无毛。
· E：雄蕊 6 枚，向上弯，花药长椭圆形；子房圆柱形；花柱长可达 11cm，柱头 3 裂。
· F：花被片 2 轮。
· G：蒴果矩圆形，长 4.5~ 6cm，有棱，具多数种子。

竹叶兰

Arundina graminifolia (D. Don) Hochr.

兰科 Orchidaceae

竹叶兰属 *Arundina*

兰科

A：茎直立；圆柱形，细竹秆状；通常为叶鞘所包；具多枚叶；叶线状披针形，薄革质或坚纸质。

B：花期 9~11 月；花粉红色或略带紫色或白色。

C：花瓣椭圆形或卵状椭圆形，与萼片近等长。

D：侧裂片钝，内弯，围抱合蕊柱；中裂片近方形，先端 2 浅裂或微凹；唇瓣 3 裂，唇盘上有 3~5 条褶片；合蕊柱稍向前弯。

E：果期 9~11 月；蒴果近长圆形。

流苏贝母兰

Coelogyne fimbriata Lindl.

兰科 Orchidaceae

贝母兰属 *Coelogyne*

· A：假鳞茎近圆柱形，顶端生叶 2 枚，基部具 2~3 枚鞘，总状花序具花 1~2 朵。
· B：花正面观。
· C：唇瓣上有红色斑纹。
· D：花淡黄色。
· E：萼片长圆状披针形，花瓣狭线形，唇瓣卵形，3 裂，具流苏，唇盘上通常具 2 条纵褶片。
· F：蒴果倒卵形，长 1.8~2cm，直径约 1cm。

多叶斑叶兰

Goodyera foliosa (Lindl.) Benth. ex Clarke

兰科 Orchidaceae

斑叶兰属 *Goodyera*

A: 草本；茎具 4~6 枚叶，叶片卵形至长圆形，偏斜，长 2.5~7cm，宽 1.6~ 2.5cm，叶柄基部扩大成抱茎的鞘。

B: 总状花序，小花常稍偏向一侧。

C: 花半张开，白色带粉红色、白色带淡绿色或近白色。

D: 萼片狭卵形，花瓣斜菱形，唇瓣基部凹陷而呈囊状，苞片长披针形，具鞘状苞片。

镰翅羊耳蒜

Liparis bootanensis **Griff.**

兰科 Orchidaceae

羊耳蒜属 *Liparis*

A：假鳞茎密集，卵形，顶生 1 叶，叶狭长圆状披针形，基部收狭成柄，有关节。

B：总状花序，花序柄略压扁，具狭翅。

C：花黄绿色。

D：苞片狭披针形，中萼片近长圆形，侧萼片略宽，花瓣狭线形，唇瓣近宽长圆状倒卵形。

E：蒴果倒卵状椭圆形，长 8~10mm，宽 5~6mm。

香港带唇兰

Tainia hongkongensis Rolfe

兰科 Orchidaceae

带唇兰属 *Tainia*

A：叶长椭圆形，长约 26cm，中部宽 3~4cm，具折扇状脉。

B：假鳞茎卵球形，顶生 1 枚叶。

C：花黄绿色带紫褐色斑点和条纹。

D：苞片狭披针形；花梗紫褐色，中萼片与侧萼片长圆状披针形；花瓣倒卵状披针形，唇瓣倒卵形，基部具距。

E：蒴果长圆柱形，具棱。

台湾白点兰

Thrixspermum formosanum (Hayata) Schltr.

兰科 Orchidaceae

白点兰属 *Thrixspermum*

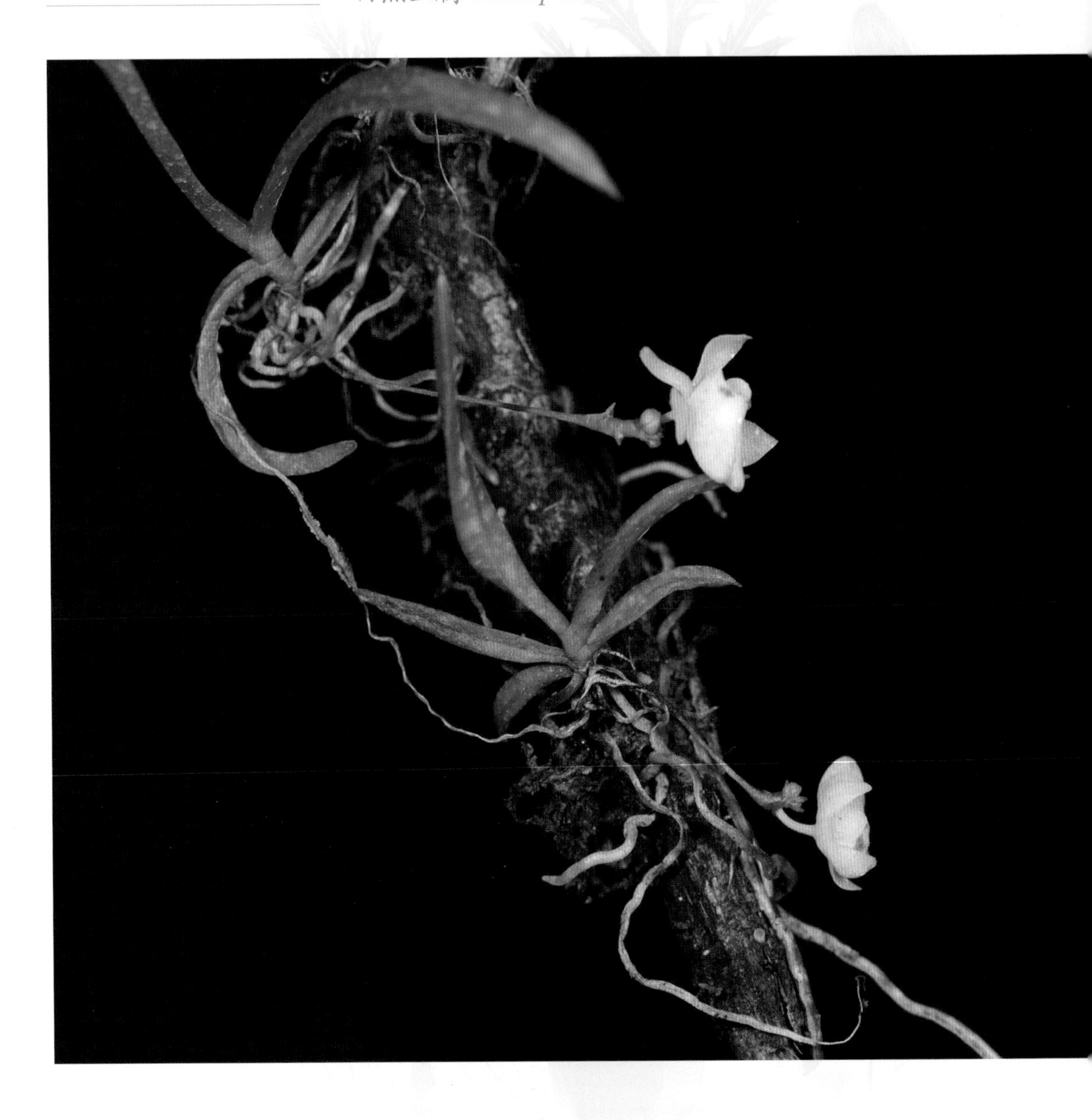

· A：叶 2 列，密集于茎上，狭长圆形，先端锐尖，微 2 裂，基部具套迭的鞘；总状花序侧生于茎的基部。

· B：花白色，具香气；总状花序长可达 4 cm；唇瓣内面具棕紫色斑点。

· C：唇瓣具长约 4mm 的囊。

· D：中萼片椭圆形，侧萼片斜卵状椭圆形，花瓣镰刀状长圆形。

线柱兰

Zeuxine strateumatica (L.) Schltr.

兰科 Orchidaceae

线柱兰属 *Zeuxine*

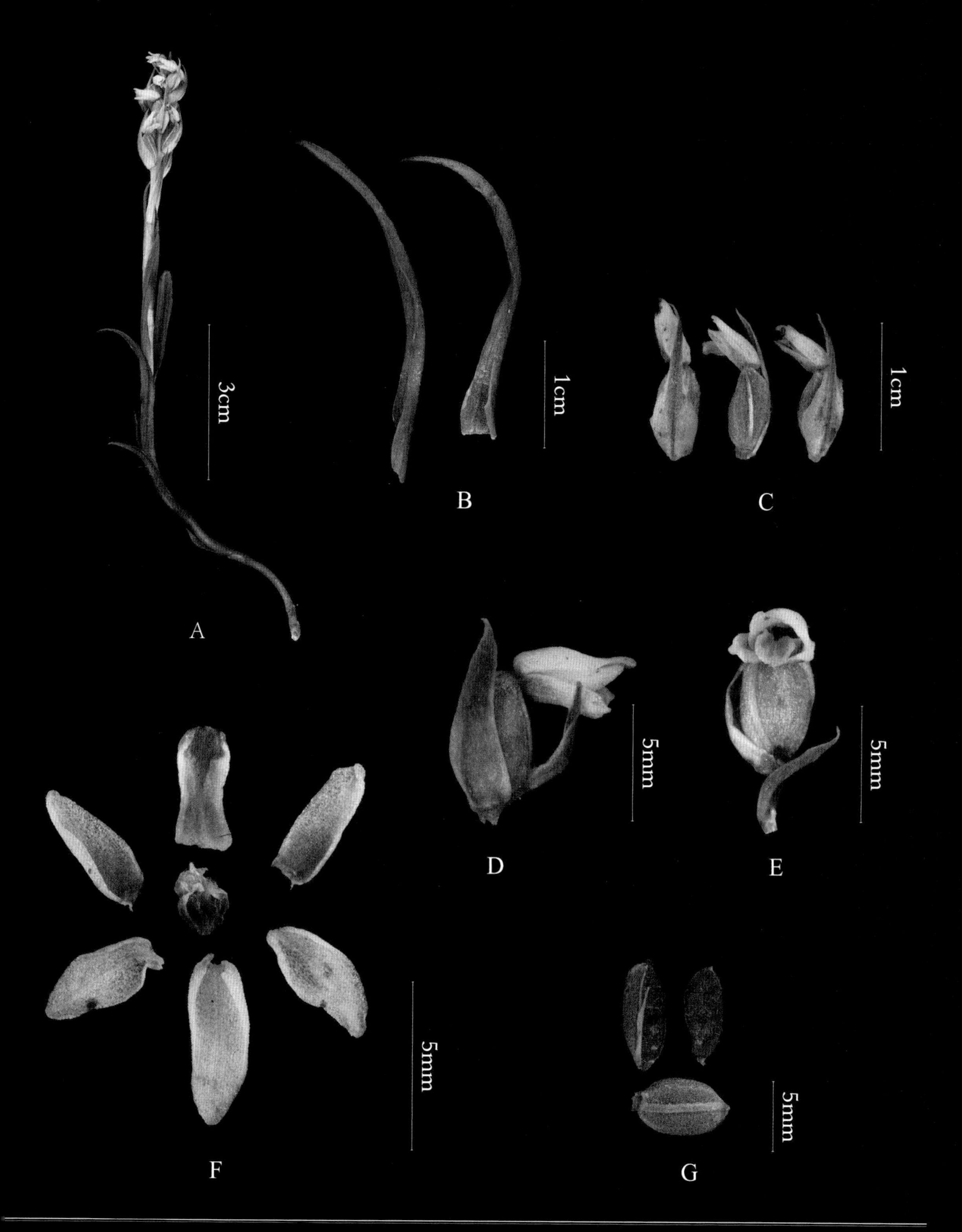

· A：茎淡棕色，具多枚叶；近穗状花序顶生，较短。
· B：叶互生，膜质，线形，基部鞘状而抱茎。
· C：花苞片卵状披针形，顶端尾状渐尖。
· D：花侧面观。
· E：花正面观。
· F：中萼片狭卵状长圆形，侧萼片同形但较短，花瓣斜卵形，唇瓣肉质，舟状，淡黄色，基部凹陷而呈囊状。
· G：蒴果椭圆形，长约 6mm，淡褐色。

山菅兰

Dianella ensifolia (L.) Redouté

阿福花科 Asphodelaceae

山菅兰属 *Dianella*

· A：草本；叶狭条状披针形，基部稍收狭成鞘状，套迭或抱茎。

· B：顶端圆锥花序长 10~40cm，分枝疏散；花常多朵生于侧枝上端。

· C：花淡黄色、绿白色至淡紫色。

· D：子房球形，花柱细长；花瓣条状披针形，5 脉；雄蕊 6 枚，花丝上部膨大。

· E：浆果近球形，深蓝色，具种子 5~6 颗。

多花黄精

Polygonatum cyrtonema Hua

天门冬科 Asparagaceae

黄精属 *Polygonatum*

天门冬科

· A：草本；茎高 50~100cm，通常具 10~15 枚叶，叶互生。

· B：根状茎肥厚，通常连珠状或结节成块，少有近圆柱形，直径 1~2cm。

· C：浆果成熟时黑色，直径约 1cm，具种子 3~9 颗。

· D：子房 3 室，长 3~6mm，花柱长 12~15mm。

· E：花被黄绿色，全长 18~25mm，裂片长约 3mm。

· F：雄蕊 6 枚，着生于花被管内，花丝具绵毛。

· G：叶椭圆形至矩圆状披针形，长 10~18cm，宽 2~7cm。

· H：花序具花 1~7 朵，伞形，总花梗长 1~4（~6）cm。

竹根七

Disporopsis fuscopicta Hance

天门冬科 Asparagaceae

竹根七属 *Disporopsis*

- A：叶纸质，无毛，具柄。
- B：花 1~2 朵生于叶腋，白色，稍俯垂。
- C：花被钟形。
- D：内面带紫色。
- E：花丝极短，背部着生于副花冠 2 个裂片之间的凹缺处。
- F：花柱与子房纵切。
- G：花柱与子房近等长。
- H：子房横切。
- I：未成熟果实。
- J：成熟果实，浆果近球形，具种子 2~8 颗。

夏天无

Corydalis decumbens (Thunb.) Pers.
罂粟科 Papaveraceae
紫堇属 *Corydalis*

罂粟科

· A：草本；茎细长，不分枝，具叶 2~3 枚，叶二回三出；总状花序疏具花 3~10 朵。
· B：花近白色至淡粉红色或淡蓝色；苞片小，卵圆形，全缘。
· C：瓣片多少上弯；基部有距，渐狭。
· D：外花瓣顶端下凹，常具狭鸡冠状突起；内花瓣具超出顶端的宽而圆的鸡冠状突起。
· E：蒴果线形，多少扭曲。

血水草

Eomecon chionantha Hance

罂粟科 Papaveraceae

血水草属 *Eomecon*

· A：草本；叶全部基生，心形或心状肾形，基部耳垂；掌状脉 5~7 条。
· B：花数朵排成总状花序或聚伞状花序，花梗长 0.5~5cm。
· C：花白色，直径约 4cm。
· D：花瓣 4 片，倒卵形，长 1~2.5cm，宽 0.7~1.8cm。
· E：苞片和小苞片卵状披针形，长 2~10mm，先端渐尖，边缘薄膜质。
· F：雄蕊多数，花丝线形，花药黄色。
· G：子房卵形，长 0.5~ 1cm，无毛。

三叶木通

Akebia trifoliata (Thunb.) Koidz.

木通科 Lardizabalaceae

木通属 *Akebia*

木通科

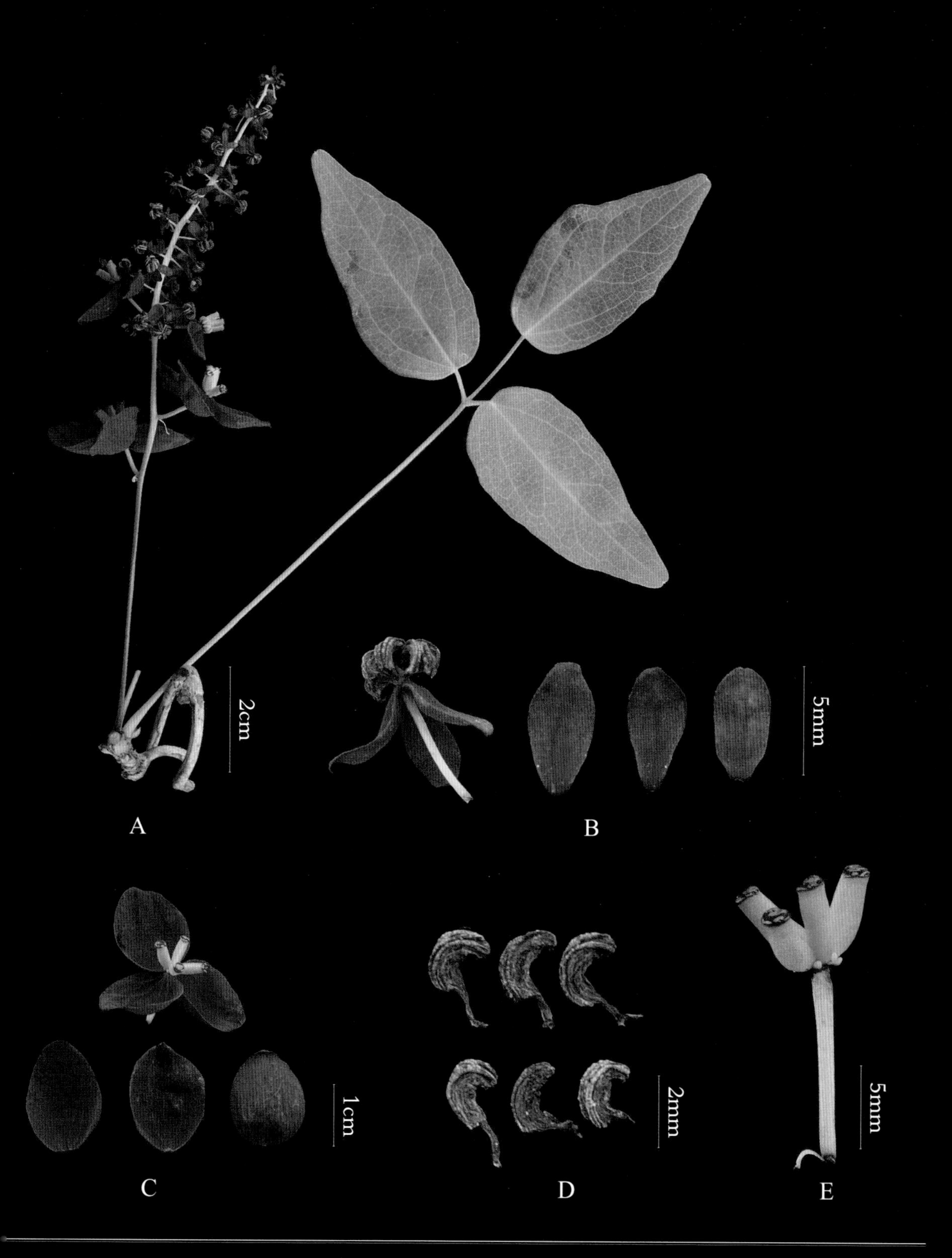

· A：藤本；三出复叶，小叶卵形，边缘具波状齿或浅裂；总状花序生于短枝上，下部有雌花 1~2 朵，以上有雄花 15~30 朵。

· B：雄花：萼片 3 片，淡紫色，椭圆形。

· C：雌花：萼片 3 片，紫褐色，近圆形，长 10~12mm，宽约 10mm。

· D：雄蕊 6 枚，离生，花丝极短，药室在开花时内弯。

· E：心皮 3~9 枚，离生，圆柱形，柱头头状，具乳突。

六角莲

Dysosma pleiantha (Hance) Woodson

小檗科 Berberidaccac

鬼臼属 *Dysosma*

小檗科

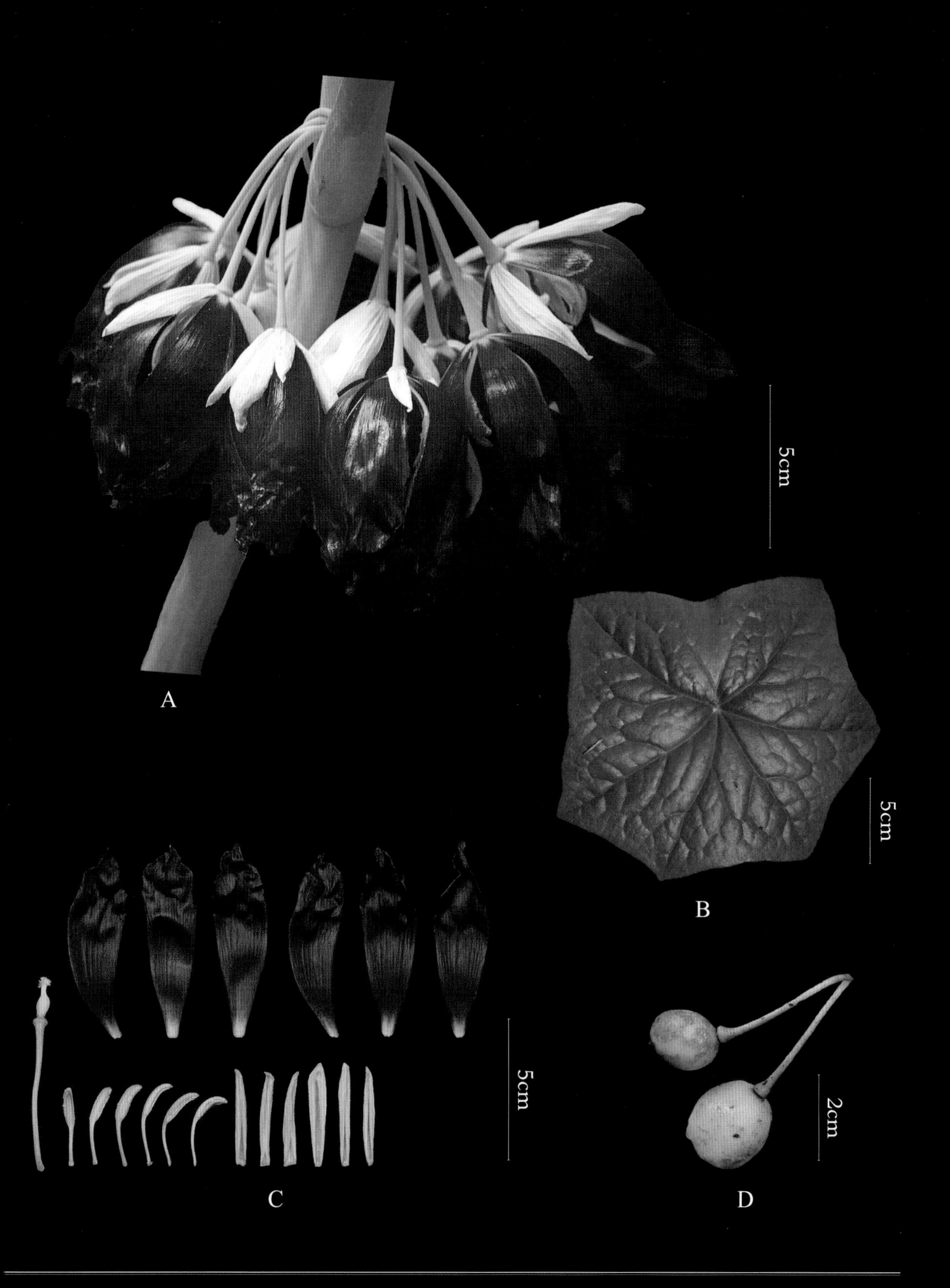

· A：花生于 2 片茎生叶叶柄的交叉处，下垂。

· B：叶对生，盾状，近圆形，5~9 浅裂。

· C：萼片 6 枚，绿色，长圆形；花瓣 6 枚，暗紫红色，倒卵状椭圆形；雄蕊 6 枚，花丝扁平；雌蕊单生，子房上位。

· D：浆果近球形。

柱果铁线莲

Clematis uncinata Champ.

毛茛科 Ranunculaceae

铁线莲属 *Clematis*

毛茛科

· A：藤本；茎圆柱形，有纵条纹；一至二回羽状复叶，有 5~15 小叶，茎基部为单叶或三出叶。
· B：小叶片纸质或薄革质，全缘，上面亮绿色，下面灰绿色，两面网脉突出。
· C：圆锥状聚伞花序，腋生或顶生，多花。
· D：萼片 4 枚，开展，白色。
· E：雄蕊无毛，花柱有羽状毛。
· F：瘦果圆柱状钻形，干后变黑。

还亮草

Delphinium anthriscifolium Hance

毛茛科 Ranunculaceae

翠雀属 *Delphinium*

· A：草本；叶为二至三回近羽状复叶，三角状卵形，羽片 2~4 对，对生，稀互生；总状花序有花 1~15 朵。

· B：花长 1~2.5cm，紫色；小苞片披针状线形。

· C：萼片椭圆形，长 6~9mm，距钻形，长 5~9mm。

· D：雄蕊多数；心皮 3。

· E：蓇葖果，长 1.1~1.6cm。

扬子毛茛

Ranunculus sieboldii Miq.

毛茛科 Ranunculaceae

毛茛属 *Ranunculus*

· A：草本。茎铺散或匍匐，下部节上生根，多分枝，密生柔毛；基生叶为三出复叶，宽卵形，被柔毛。

· B：花单朵与叶对生，直径 1~2cm；萼片花期向下反折；花梗密生柔毛。

· C：雄蕊 20 余枚，分离。

D：雄蕊长 4~5mm。

· E：萼片狭卵形，长 4~6mm，外面生柔毛。

· F：花瓣 5 枚，黄色，狭倒卵形至椭圆形，有 5~9 条深色脉纹，基部具长爪。

· G：瘦果扁平，长约 4mm，边缘有宽棱，顶端具微弯短喙。

· H：聚合果圆球形。

网脉山龙眼

Helicia reticulata W. T. Wang

山龙眼科 Proteaceae

山龙眼属 *Helicia*

山龙眼科

- A：总状花序腋生或生于小枝已落叶腋部。
- B：叶革质，倒卵形至长椭圆形，网脉两面均凸起或明显。
- C：总状花序，无毛。
- D：花梗常双生，基部或下半部贴生。
- E：花被管长 13~16mm，白色或浅黄色。
- F：雄蕊 4 枚，几无花丝，花柱细长，柱头近顶端扩大为棒状；花药长圆形，着生于花萼裂片的凹陷处。
- G：果椭圆状球形，顶端具短尖，黑色。

假蚊母

Distyliopsis dunnii (Hemsley) P. K. Endress

金缕梅科 Hamamelidaceae

假蚊母属 *Distyliopsis*

金缕梅科

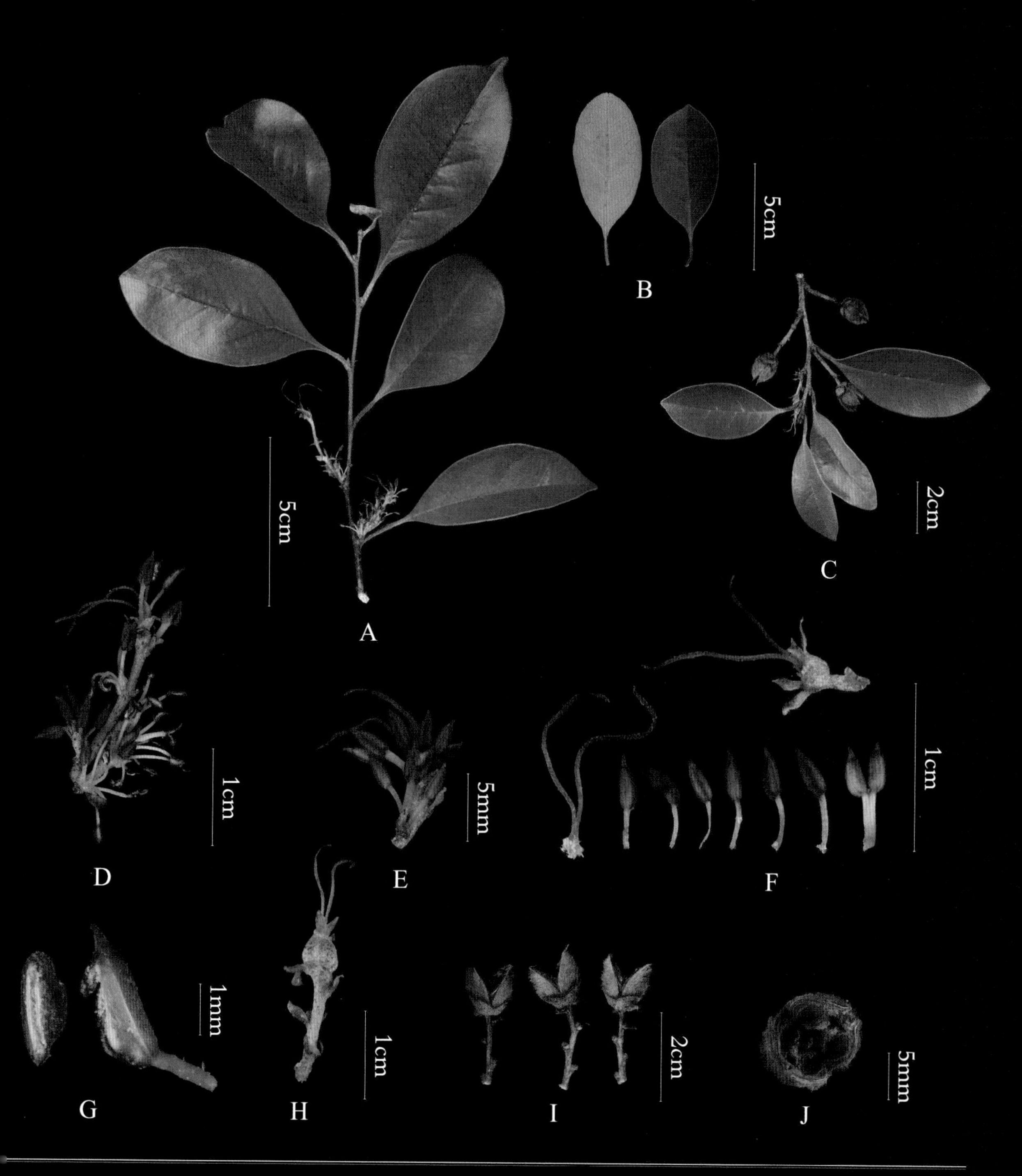

· A：开花枝。
· B：叶革质，卵状长圆形，顶端锐尖或钝，基部阔楔形，全缘。
· C：结果枝。
· D：花杂性，雄花、雌花及两性花同株，并混生成穗状花序。
· E：花序侧枝，雄花常位于花序下部，无柄。
· F：两性花，有短柄；萼筒壶形，雄蕊 8 枚；子房密被星状长毛，柱头 2 枚。
· G：花药基着，纵裂，药隔突出。
· H：雌花萼筒至近基部常着生 1~3 枚苞片，萼齿 1~5 枚，不等大。
· I：蒴果卵圆形，被灰褐色长丝毛，基部具宿存萼筒。
· J：蒴果 2 瓣开裂，每瓣 2 浅裂。

檵 木

Loropetalum chinense (R. Br.) Oliver

金缕梅科 Hamamelidaceae

檵木属 *Loropetalum*

· A：花 3~8 朵簇生于新枝顶端。
· B：叶革质，卵形，先端锐尖，基部钝，偏斜，
上面幼时被粗毛，下面灰白色，被星状毛。
· C：花白色，簇生。
· D：花瓣 4 片，带状；雄蕊 4 枚，花丝极短；
萼筒杯状，萼齿 4 裂，卵形。
· E：蒴果卵圆形，被褐色星状绒毛。

峨眉鼠刺

Itea omeiensis C. K. Schneider

鼠刺科 Iteaceae

鼠刺属 *Itea*

鼠刺科

· A：叶长圆形，边缘密生小锯齿；花序腋生。
· B：总状花序，长达 12~13cm。
· C：花白色，花瓣长 3~ 3.5mm。
· D：苞片叶状，近披针形。
· E：花萼 5 裂，裂片三角状披针形。
· F：花瓣 5 片，披针形；雄蕊 5 枚；子房圆锥形，上位，被柔毛，柱头 2 枚，头状。

虎耳草

Saxifraga stolonifera Curt.

虎耳草科 Saxifragaceae

虎耳草属 *Saxifraga*

虎耳草科

· A：草本；叶肾形至近圆形，下面常红紫色，被腺毛，有斑点。

· B：聚伞花序圆锥状，长达 20 cm，被腺毛。

· C：花序部分。

· D：花白色，左右对称。

· E：花两性。

· F：花冠 5 片，下方 2 片特长，椭圆状披针形，上方 3 片较短，卵形，具紫红色斑点；萼片花期反曲；雄蕊 10 枚；花盘半环状；子房卵球形，花柱 2 枚，叉开。

日本景天

Sedum uniflorum var. ***japonicum*** (Siebold ex Miq.) H. Ohba

景天科 Crassulaceae

景天属 *Sedum*

景天科

· A：草本；叶互生，线状匙形，长约 1cm，无柄；聚伞花序蝎尾状，三歧分枝。
· B：花黄色，直径 8~15 mm。
· C：花冠 5 片，长 4~7mm，长圆状披针形，先端渐尖。
· D：花萼 5 片，长 2~5mm，线状长圆形，基部有短距。
· E：雄蕊 10 枚，5 枚着生在花瓣基部。
· F：蓇葖果，呈星芒状水平展开。

香花鸡血藤

Callerya dielsiana (Harms) P. K. Loc ex Z. Wei & Pedley

豆科 Fabaceae

鸡血藤属 *Callerya*

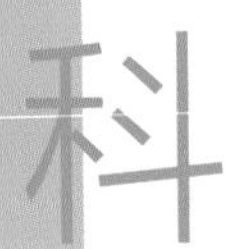

· A：羽状复叶，纸质，小叶 5 片，侧脉 6~9 对。
· B：茎有分泌物。
· C：圆锥花序顶生，密被黄褐色绒毛。
· D：花冠蝶形，旗瓣密被绢毛，翼瓣和龙骨瓣镰刀状；子房被茸毛；雄蕊二体；花萼宽钟形。
· E：花紫红色带白色，长 1.2~2.4 cm。
· F：荚果长圆形，扁平，密被灰色茸毛。

红豆树

Ormosia hosiei Hemsl. et Wils.

豆科 Fabaceae

红豆属 *Ormosia*

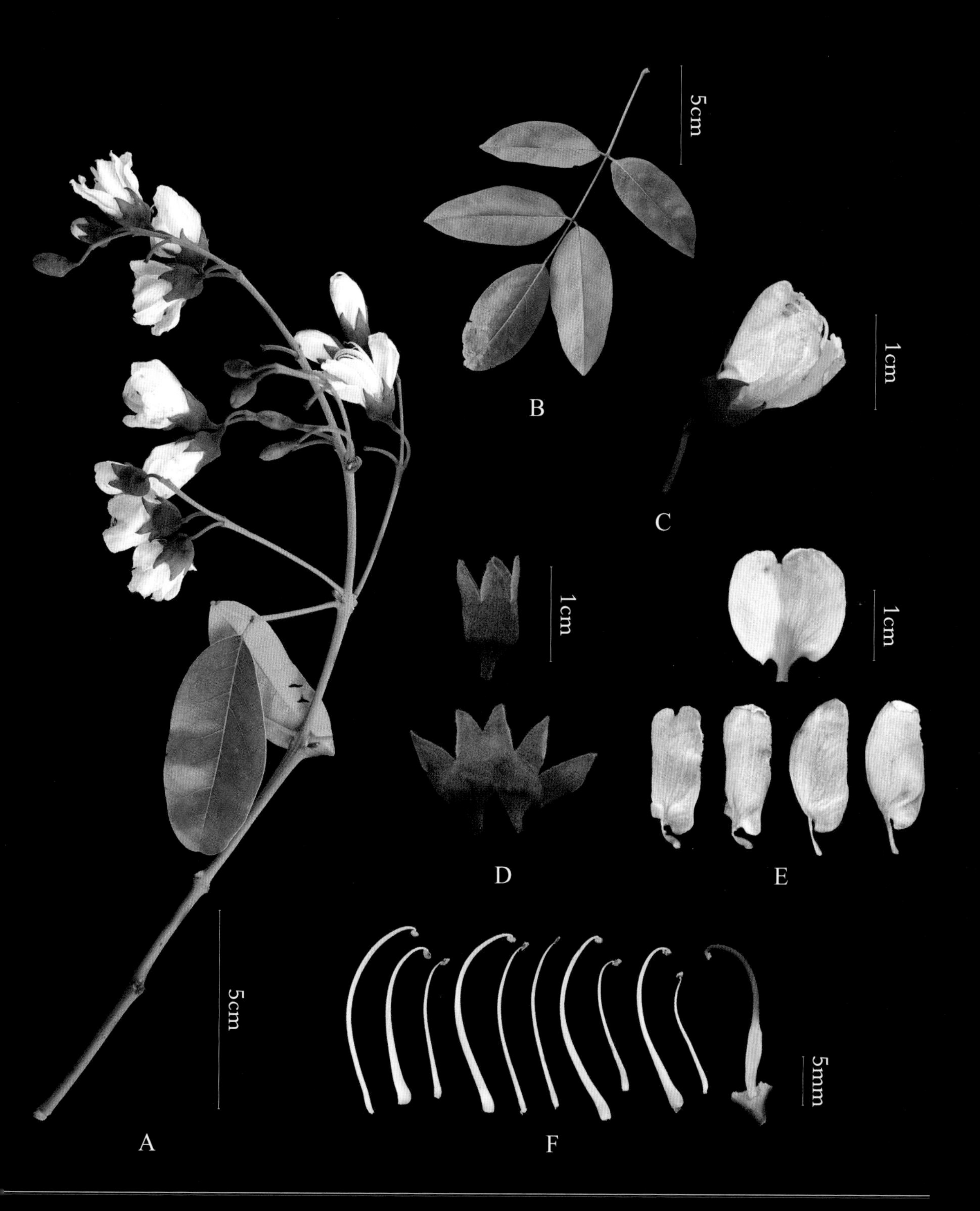

· A：乔木；小枝绿色，幼时有黄褐色细毛，后脱落；圆锥花序顶生或腋生，下垂。

· B：奇数羽状复叶，小叶 2~4 对，卵状椭圆形，长 5~12 cm。

· C：花白色或淡红色。

· D：花萼钟形，浅裂，萼齿三角形，紫绿色，密被褐色短柔毛。

· E：花冠蝶形，旗瓣倒卵形，翼瓣与龙骨瓣均为长椭圆形。

· F：雄蕊 10 枚，大小不等；花柱紫色，线状，弯曲。

白车轴草

Trifolium repens L.

豆科 Fabaceae

车轴草属 *Trifolium*

· A：草本，茎匍匐蔓生，全株无毛。

· B：掌状三出复叶，总叶柄长，小叶柄短。

· C：花序球形，具花 20~ 50（~80）朵，密集；总花梗甚长。

· D：花长 7~12mm。

· E：花冠白色、乳黄色，蝶形；子房线状长圆形，雄蕊 10 枚；花萼钟形，具 5 齿。

蛇　莓

Duchesnea indica (Andr.) Focke

蔷薇科 Rosaceae

蛇莓属 *Duchesnea*

蔷薇科

· A：匍匐草本，节上生根；茎纤细，被疏长柔毛。

· B：叶为指状三小叶，小叶倒卵形至倒卵状菱形，先端圆钝，基部楔形，边缘有粗钝锯齿，两面被疏柔毛。

· C：花黄色，开花时直径 15~20mm。

· D：花瓣 5 片，倒卵形，先端微凹。

· E：萼片卵形，副萼片倒卵形。

· F：聚合果球形，肉质，红色。

石楠

Photinia serratifolia (Desf.) Kalkman

蔷薇科 Rosaceae

石楠属 *Photinia*

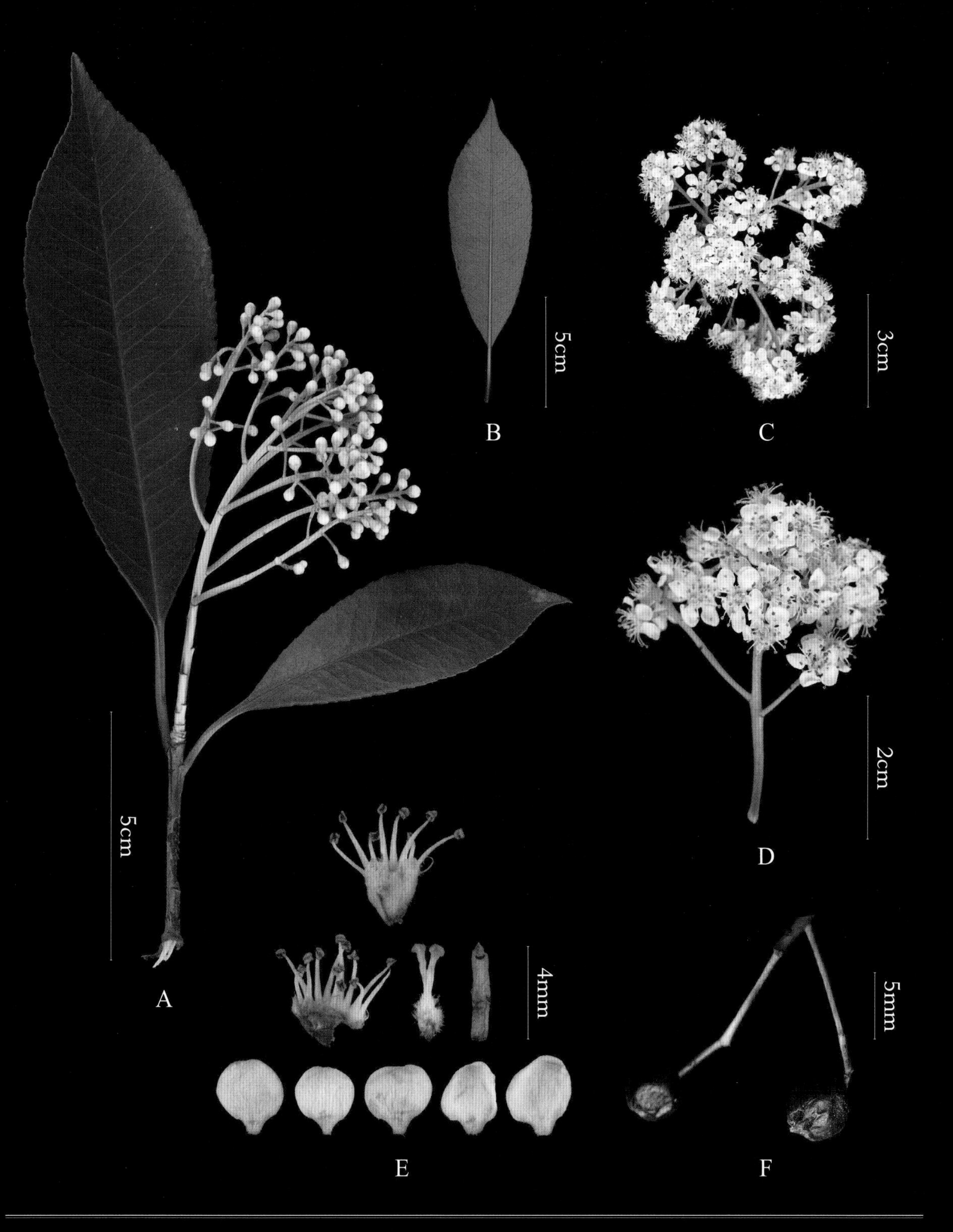

· A：花序球形，具花 20~ 50 朵，密集；总花梗甚长。

· B：叶革质，倒卵状长圆形，先端短尖，基部阔楔形，边缘疏生具腺细锯齿。

· C：花密生，花序直径 10~16cm。

· D：复伞房花序顶生。

· E：雄蕊 20 枚，花药带紫色；花柱 2 枚，柱头头状，子房顶端有柔毛；花瓣白色，两面无毛；萼筒杯状，萼片阔三角形。

· F：果实球形，直径 5~6mm，成熟时紫褐色。

石斑木

Rhaphiolepis indica (Linnaeus) Lindley

蔷薇科 Rosaceae

石斑木属 *Rhaphiolepis*

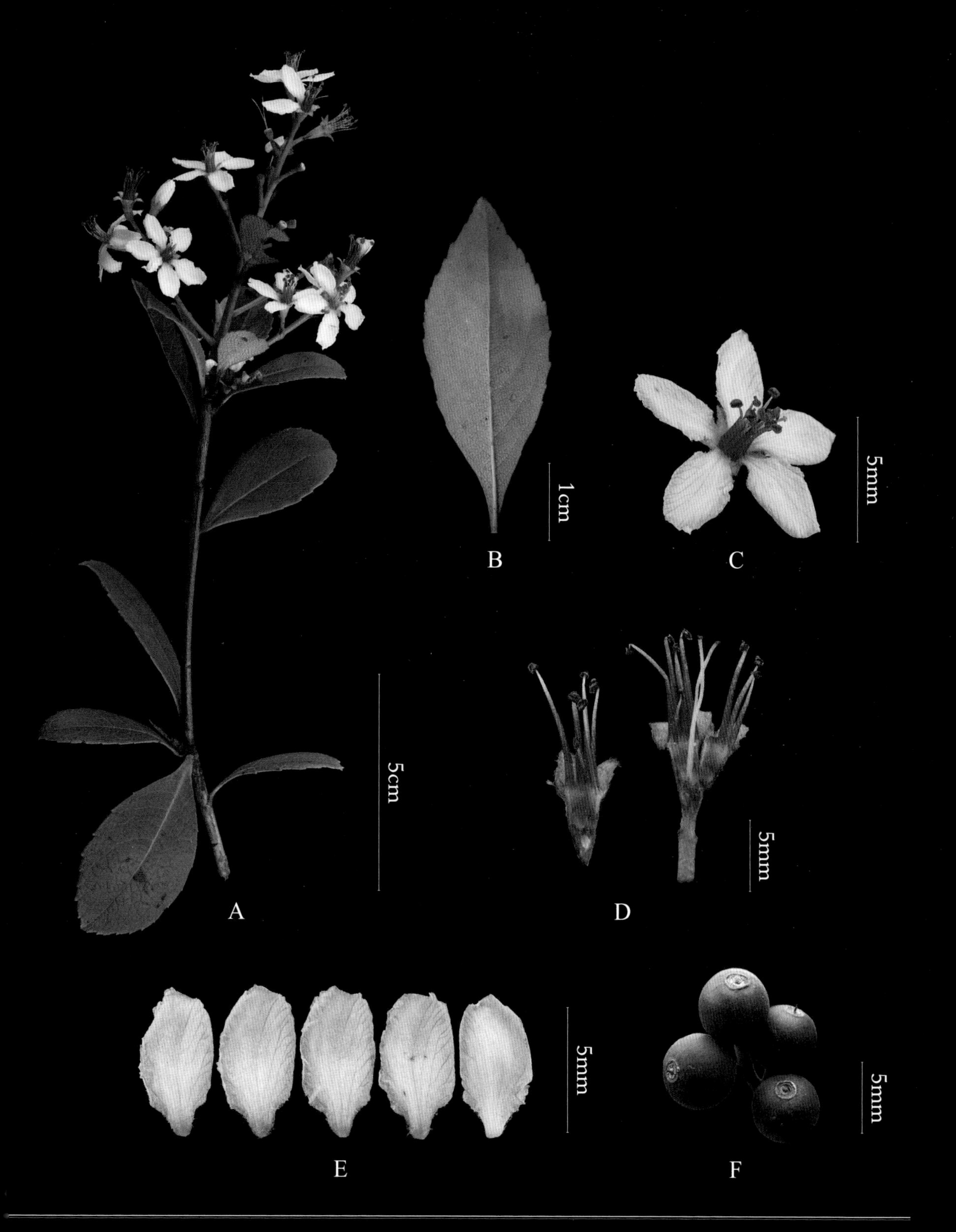

· A：灌木；幼枝被柔毛；圆锥花序或总状花序顶生，密被柔毛。

· B：叶卵形至披针形，边缘具细钝锯齿，叶下面网脉明显。

· C：花直径 1~1.3cm。

· D：萼筒状，萼片三角状披针形，被柔毛；雄蕊 15 枚；花柱 2~3 枚，基部合生。

· E：花瓣 5 片，白色至淡红色，倒卵形或披针形，先端圆钝，基部具柔毛。

· F：果球形，紫黑色，直径约 5mm。

金樱子

Rosa laevigata Michx.

蔷薇科 Rosaceae

蔷薇属 *Rosa*

· A：攀缘灌木；羽状复叶，小叶 3 片；花单生于侧枝顶端，直径 5~7cm。

· B：雄蕊多数；心皮多数，花柱离生，有毛。

· C：花瓣白色，宽倒卵形，先端微凹；萼片卵状披针形，有刺毛和腺毛，先端呈叶状，内面密被柔毛。

· D：花托瓶状，连同花梗密生刚毛状刺。

· E：果倒卵状椭圆形，密生刚毛状刺，萼片宿存，熟时橙黄色。

蓬　蘽

Rubus hirsutus Thunb.

蔷薇科 Rosaceae

悬钩子属 *Rubus*

A：灌木；枝红褐色或褐色，被柔毛和腺毛，疏生皮刺。

B：小叶 3~5 枚，卵形或宽卵形，两面疏生柔毛，边缘具不整齐尖锐重锯齿。

C：花正面部分。

D：花蕊直立或开展，着生在花萼上部。

E：花瓣白色，倒卵形或近圆形。

F：雄蕊多数。

G：萼片卵状披针形或三角披针形，顶端长尾尖，外面边缘被灰白色绒毛。

H：果实为由小核果集生于花托上而成聚合果，成熟时红色。

构

Broussonetia papyrifera (L.) L'Hér. ex Vent.

桑科 Moraceae

构属 *Broussonetia*

桑科

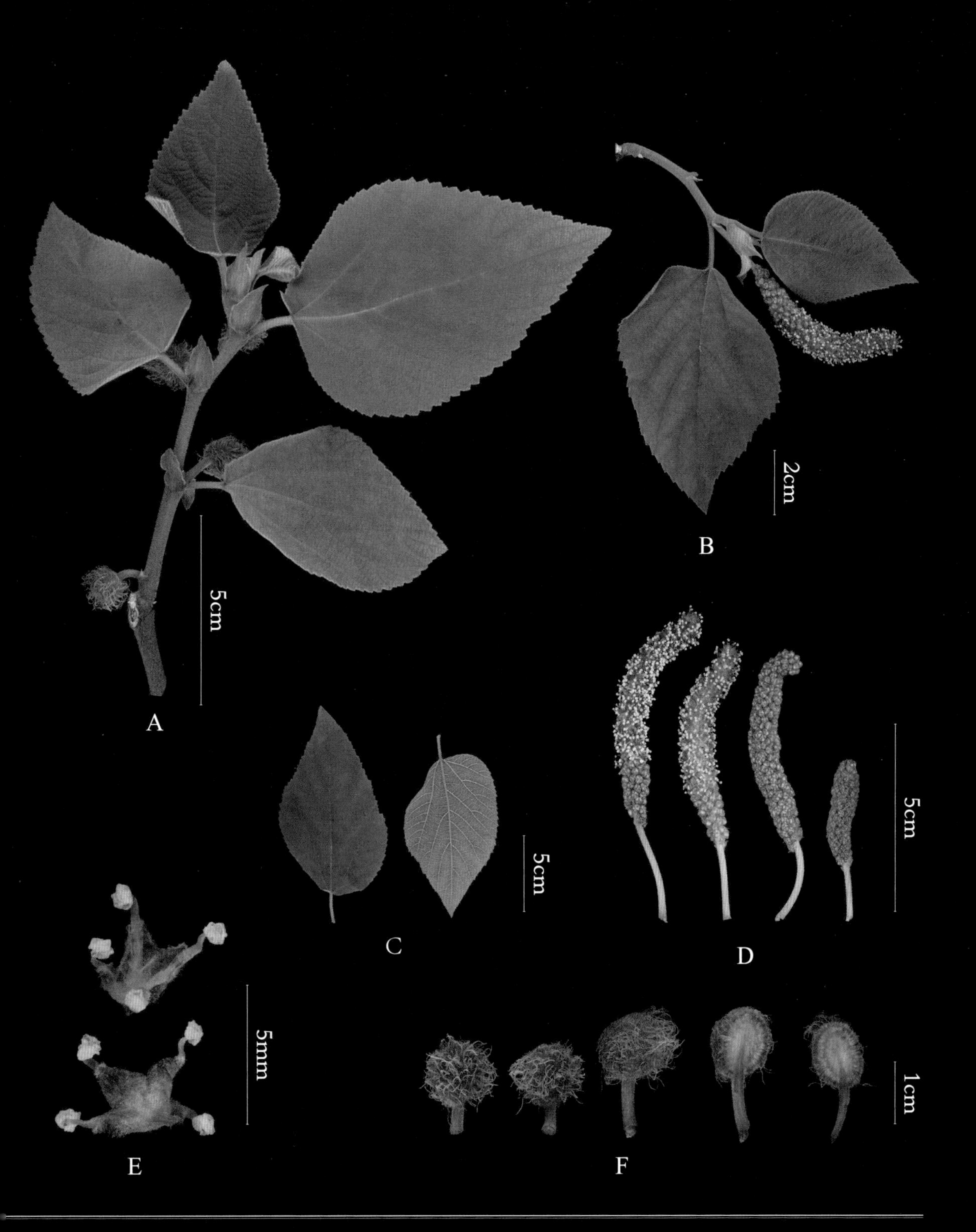

· A：雌花序枝，小枝密生柔毛。
· B：雌雄异株，雄花序枝，小枝密生柔毛。
· C：叶阔卵形至长圆状卵形，先端渐尖，基部圆形，略偏斜，边缘有锯齿，上面深绿色，下面灰绿色。
· D：雄花序为柔荑花序，粗壮，长 3~8cm。
· E：花被 4 裂，裂片三角状卵形，被毛，雄蕊 4 枚，花药近球形。
· F：雌花序球形头状，直径 1~1.5cm；雌花花被管状，柱头细长，线形。

薜　荔

Ficus pumila L.

桑科 Moraceae

榕属 *Ficus*

· A：攀缘灌木；不结果枝上的叶卵状心形，长约 2.5cm，薄革质，基部稍不对称。

· B：榕果单生叶腋，结果枝上无不定根；叶革质，卵状椭圆形，基部圆形至浅心形。

· C：瘦果近球形，有黏液；雄花多数，生于榕果内壁口部，雌花生于另一植株榕果内壁，花柄长。

米 槠

Castanopsis carlesii (Hemsl.) Hayata.

壳斗科 Fagaceae

锥属 *Castanopsis*

壳斗科

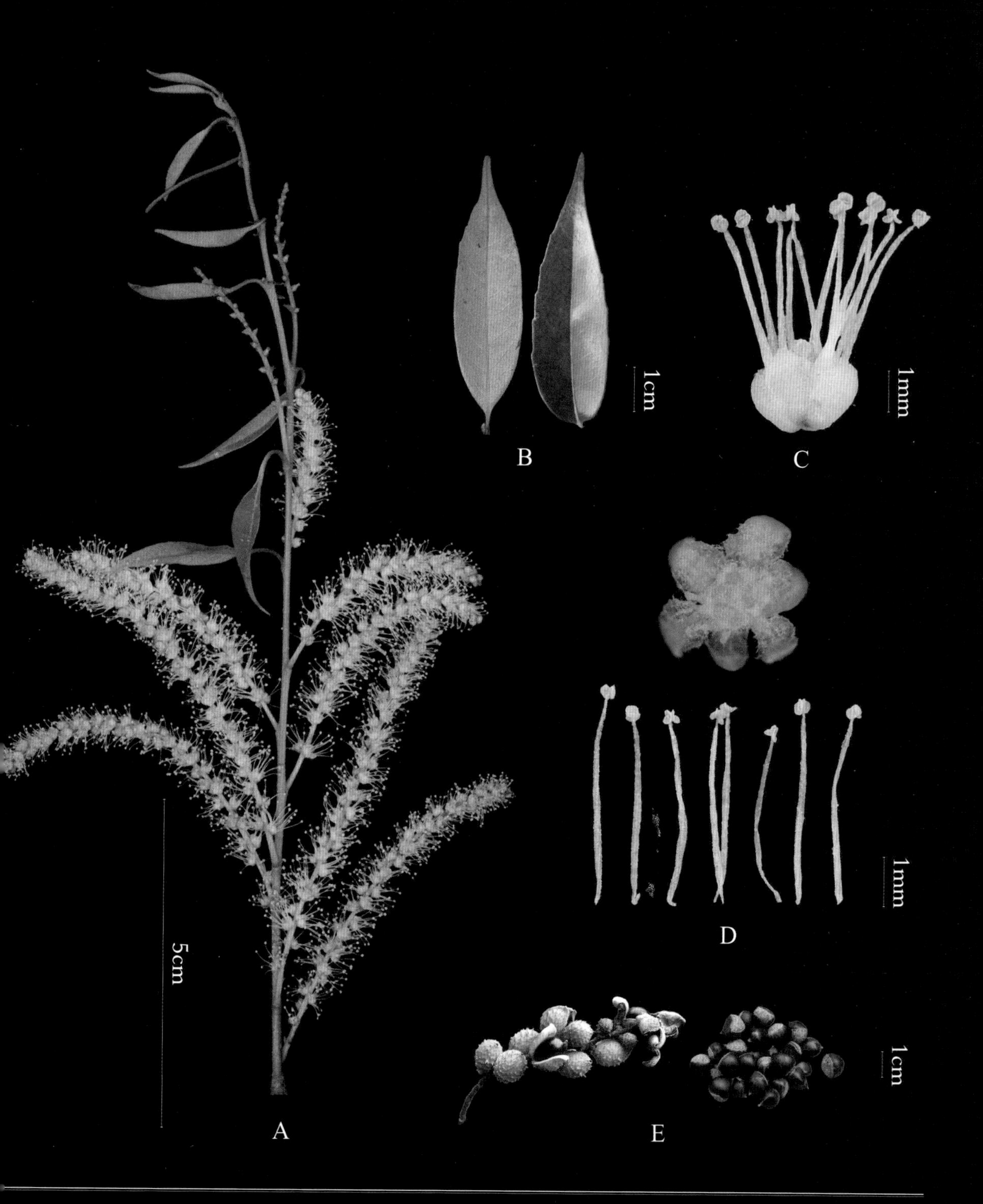

A：乔木；雄花序穗状，长约 5cm。

B：叶披针形，顶端渐尖，基部稍偏斜，全缘或有少数浅裂齿；嫩叶背面有红褐色或棕黄色的细片状蜡鳞层。

C：雄花长约 5mm。

D：雄花花被片 6 片；雄蕊多枚，花丝长。

E：壳斗近球形，全包坚果，外壁无针刺，有疣状体；成熟时规则开裂，每壳斗有坚果 1 个，坚果卵圆形，直径 0.8~1cm。

青 冈

Quercus glauca Thunb.

壳斗科 Fagaceae

栎属 *Quercus*

A：雌花单生于壳斗内，壳斗 1 至多个散生于花序轴上。

B：雄花序为下垂的柔荑花序。

C：叶卵状椭圆形，顶端短尖，基部近圆形，边缘中部以上有疏锯齿，下面有灰白色蜡粉层。

D：雄花序，花序轴被苍白色绒毛。

E：雄蕊 6 枚，花丝短。

化香树

Platycarya strobilacea Sieb. et Zucc.

胡桃科 Juglandaceae

化香树属 *Platycarya*

胡桃科

A：乔木；叶互生，奇数羽状复叶，长 15~40cm，小叶披针形，边缘具重锯齿。
B：雄花序 3~8 条成伞房状，直立。
C：雄花序柔荑花序状，长 3~10cm，密生黄色绒毛。
D：苞片阔卵形，生短柔毛。
E：雄蕊 8 枚，花丝短。
F：雄蕊生于苞腋内，无花被。

木麻黄

Casuarina equisetifolia L.

木麻黄科 Casuarinaceae

木麻黄属 *Casuarina*

木麻黄科

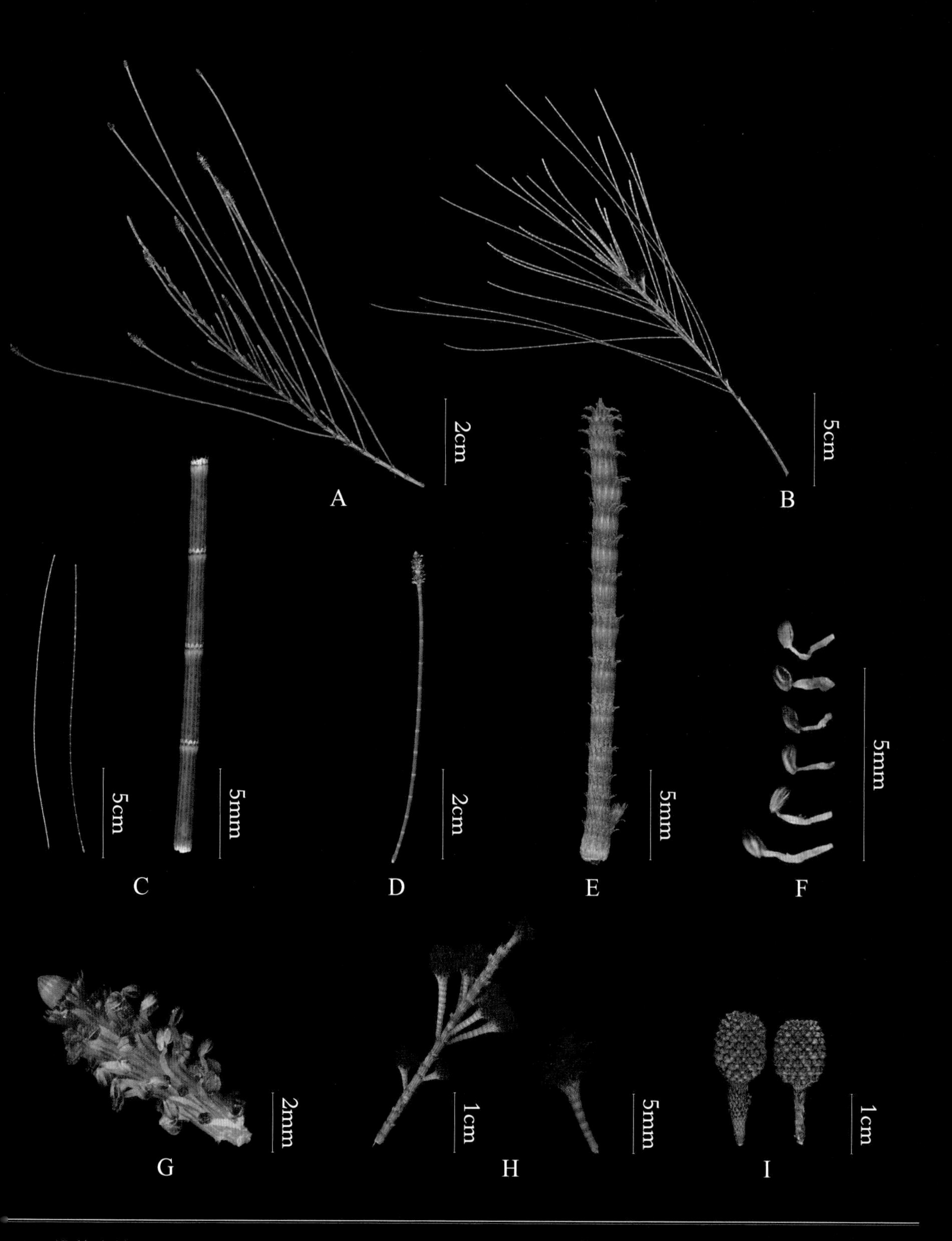

· A：雄花序枝。
· B：雌花序枝。
· C：节间短，极易从节处拔断。
· D：雄花序几无总花梗，生于小枝顶端。
· E：小苞片狭披针形。
· F：雄蕊。
· G：雄花序棒状圆柱形，花被 2 片，花药两端深凹入。
· H：雌花生于侧生短枝上，头状。
· I：球果椭圆形，顶端平截，基部钝。

红花酢浆草

Oxalis corymbosa DC.

酢浆草科 Oxalidaceae

酢浆草属 *Oxalis*

酢浆草科

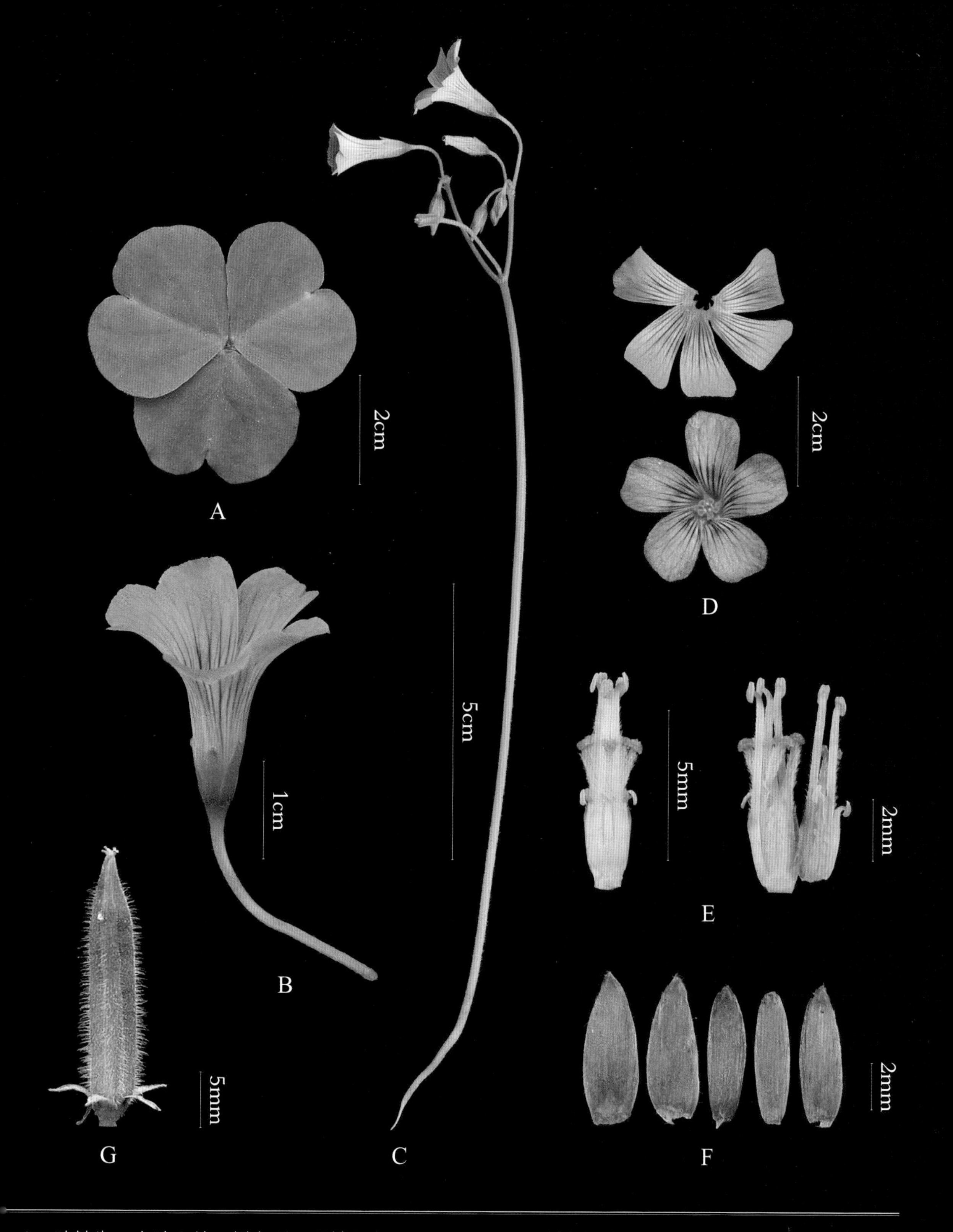

· A：叶基生，小叶 3 片，倒心形，顶端凹入。
· B：花淡紫色至紫红色，直径 2~3cm。
· C：伞房花序，基生，多花。
· D：花瓣 5 片，倒心形。
· E：雄蕊 10 枚，长的 5 枚超出花柱，另 5 枚长至子房中部，花丝被长柔毛。
· F：花萼 5 片，披针形，先端有暗红色长圆形的小腺体 2 枚。
· G：蒴果，成熟时室背开裂，被长柔毛。

猴欢喜

Sloanea sinensis (Hance) Hemsl.

杜英科 Elaeocarpaceae

猴欢喜属 *Sloanea*

杜英科

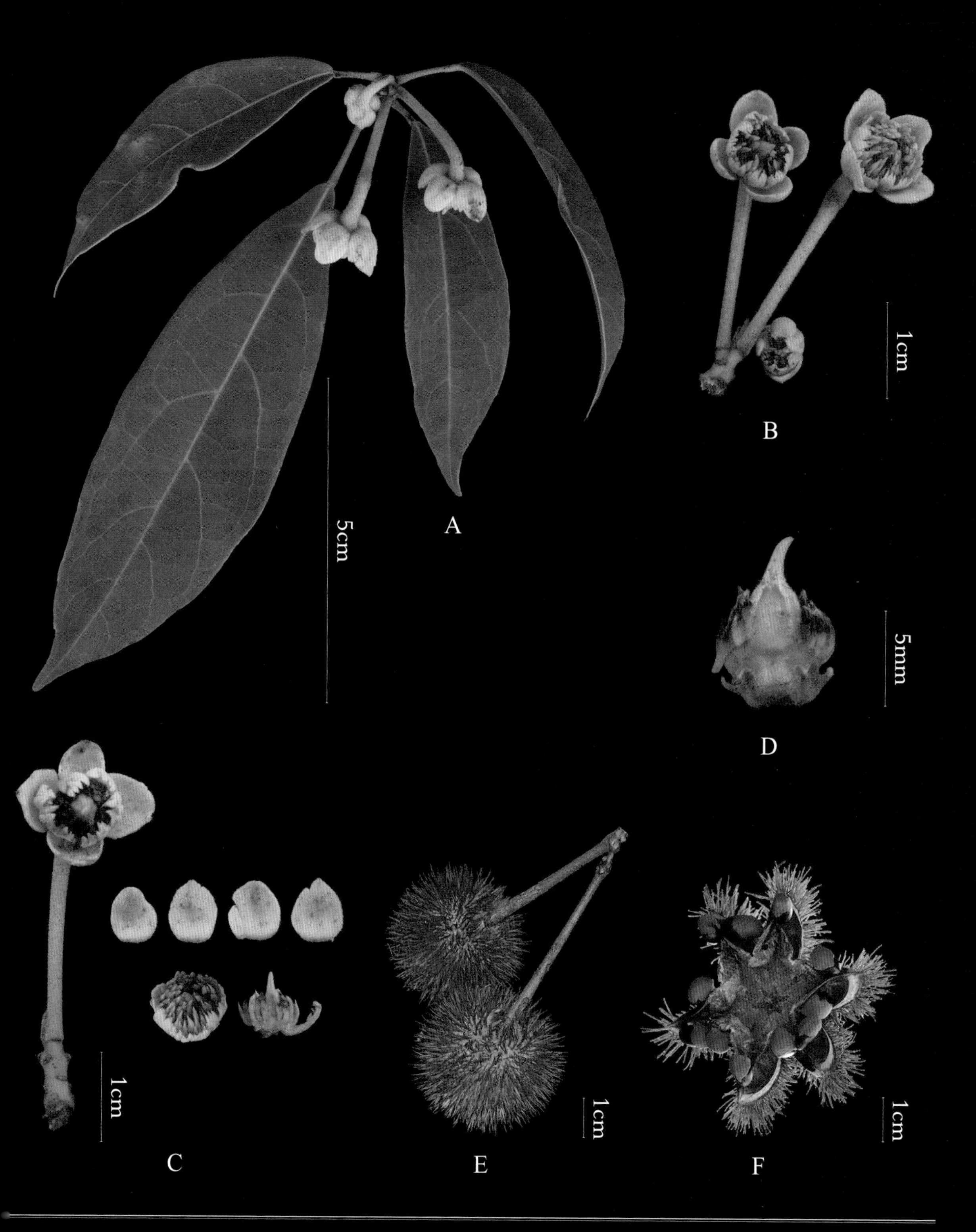

· A：乔木；叶披针形，大小不一；花多朵簇生于枝顶叶腋。
· B：花梗长短不一，被灰色毛。
· C：花淡绿色；花萼 4 片，阔卵形；花瓣 4 片，先端撕裂；雄蕊多数。
· D：子房被毛，卵形，长 4~5mm。
· E：蒴果球形，外面密被针刺，直径 2~3cm。
· F：果成熟时 3~7 爿裂开，内果皮紫红色；种子黑色，假种皮黄色。

金丝桃

Hypericum monogynum L.

金丝桃科 Hypericaceae

金丝桃属 *Hypericum*

金丝桃科

· A：灌木；叶对生，无柄或具短柄；花单生或排成顶生的聚伞花序，直径 3~5cm。

· B：叶片倒披针形至长圆形，长 2~11.2cm，宽 1~4.1cm，侧脉 4~6 对，腺体小而点状。

· C：雄蕊 5 束，每束有雄蕊 25~35 枚，花瓣金黄色，三角状倒卵形。

· D：萼片 5 片；子房卵珠形，长 2.5~5mm，宽 2.5~3mm；花柱长 1.2~2cm，近顶端 5 裂。

七星莲

Viola diffusa Ging.
堇菜科 Violaceae
堇菜属 *Viola*

堇菜科

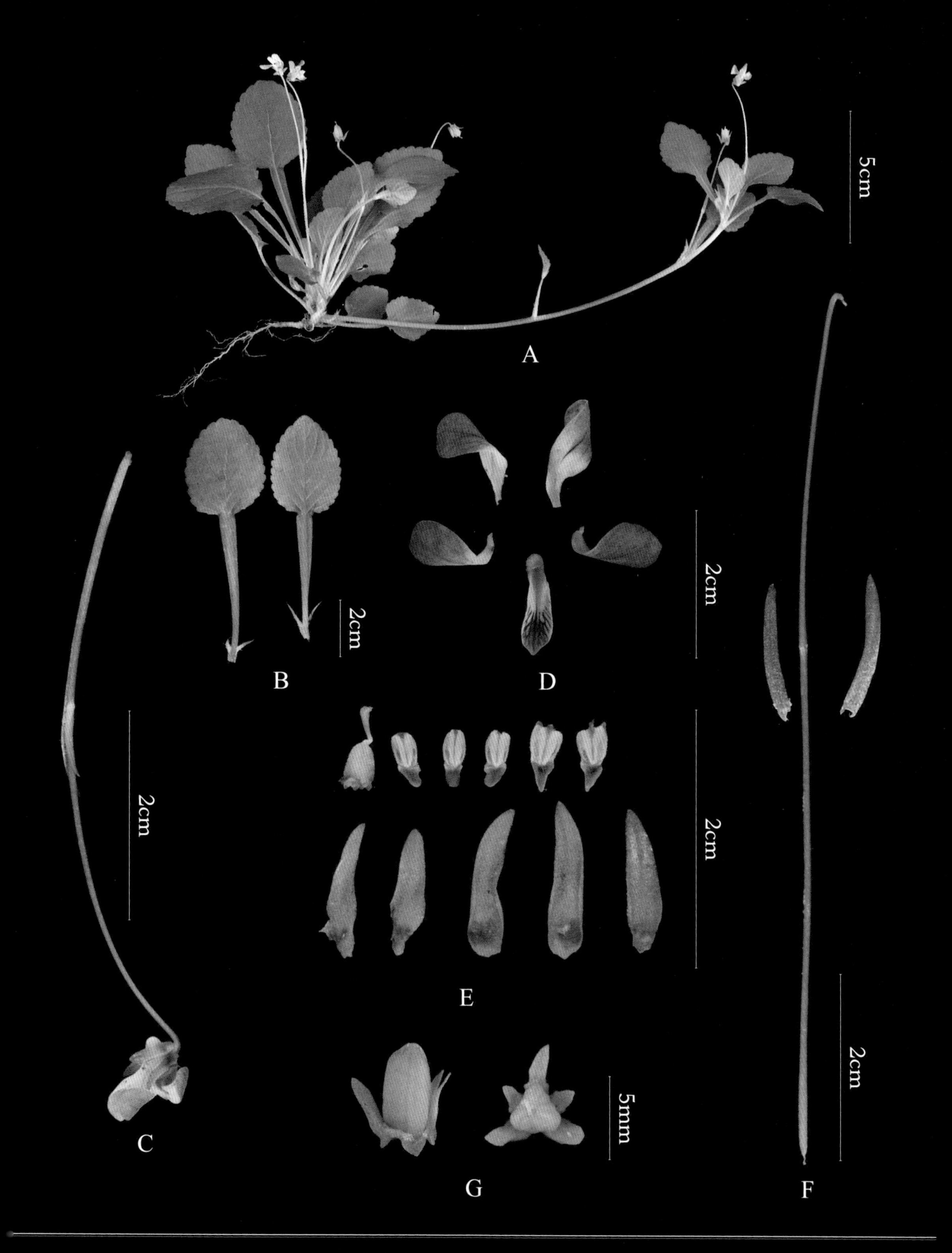

· A：基生叶丛生，呈莲座状，花期生出匍匐枝。
· B：叶片卵形，先端钝，基部截形，明显下延，在叶柄上形成明显的翅；托叶线状披针形。
· C：花较小，淡紫色，具长梗。
· D：花瓣 5 片，最下面 1 片基部有距。
· E：雄蕊 5 枚，花药向内靠合，纵裂；胚珠多数，花柱棍棒状；萼片 5 片，绿色，披针形。
· F：花梗纤细，中部有 1 对线形苞片。
· G：蒴果椭圆形。

木油桐

Vernicia montana Lour.

大戟科 Euphorbiaceae

油桐属 *Vernicia*

大戟科

· A：叶阔卵形，全缘或 2~5 裂，叶柄顶端有 2 枚具柄的杯状腺体。

· B：花朵多，顶生，伞房状。

· C：花单性，白色，直径 3~4cm。

· D：雄蕊 8~11 枚，下部合生，花丝被毛。

· E：雄花花瓣 5 片，倒卵形，长 2~4cm，基部爪状；花萼 2~3 裂。

· F：核果卵形，直径 3~5cm，具皱纹。

野老鹳草

Geranium carolinianum L.

牻牛儿苗科 Geraniaceae

老鹳草属 *Geranium*

牻牛儿苗科

· A：草本，茎直立或仰卧，单一或多数，具棱角，密被倒向短柔毛。
· B：叶片圆肾形，基部心形，掌状 5~7 裂近基部；托叶披针形或三角状披针形。
· C：花序腋生和顶生，被倒生短柔毛和开展的长腺毛。
· D：花淡紫红色。
· E：花瓣倒卵形，稍长于萼；雄蕊稍短于萼片，中部以下被长糙柔毛；雌蕊稍长于雄蕊，密被糙柔毛；萼片长卵形或近椭圆形，外被短柔毛或沿脉被开展的糙柔毛和腺毛。
· F：蒴果长约 2cm，被短糙毛。

毛草龙

Ludwigia octovalvis (Jacq.) Raven

柳叶菜科 Onagraceae

丁香蓼属 *Ludwigia*

柳叶菜科

· A：直立草本，多分枝，稍具纵棱；叶披针形至线状披针形；茎、叶被黄褐色粗毛。

· B：花大，单生于叶腋；无梗或几无梗；萼筒与子房合生，纤细。

· C：花萼裂片 4 枚，卵形，基出 3 脉，两面被粗毛；雄蕊 8 枚；柱头近头状，浅 4 裂。

· D：花瓣黄色，倒卵状楔形，先端微凹，基部楔形，具侧脉 4~5 对。

印度野牡丹

Melastoma malabathricum Linnaeus

野牡丹科 Melastomataceae

野牡丹属 *Melastoma*

野牡丹科

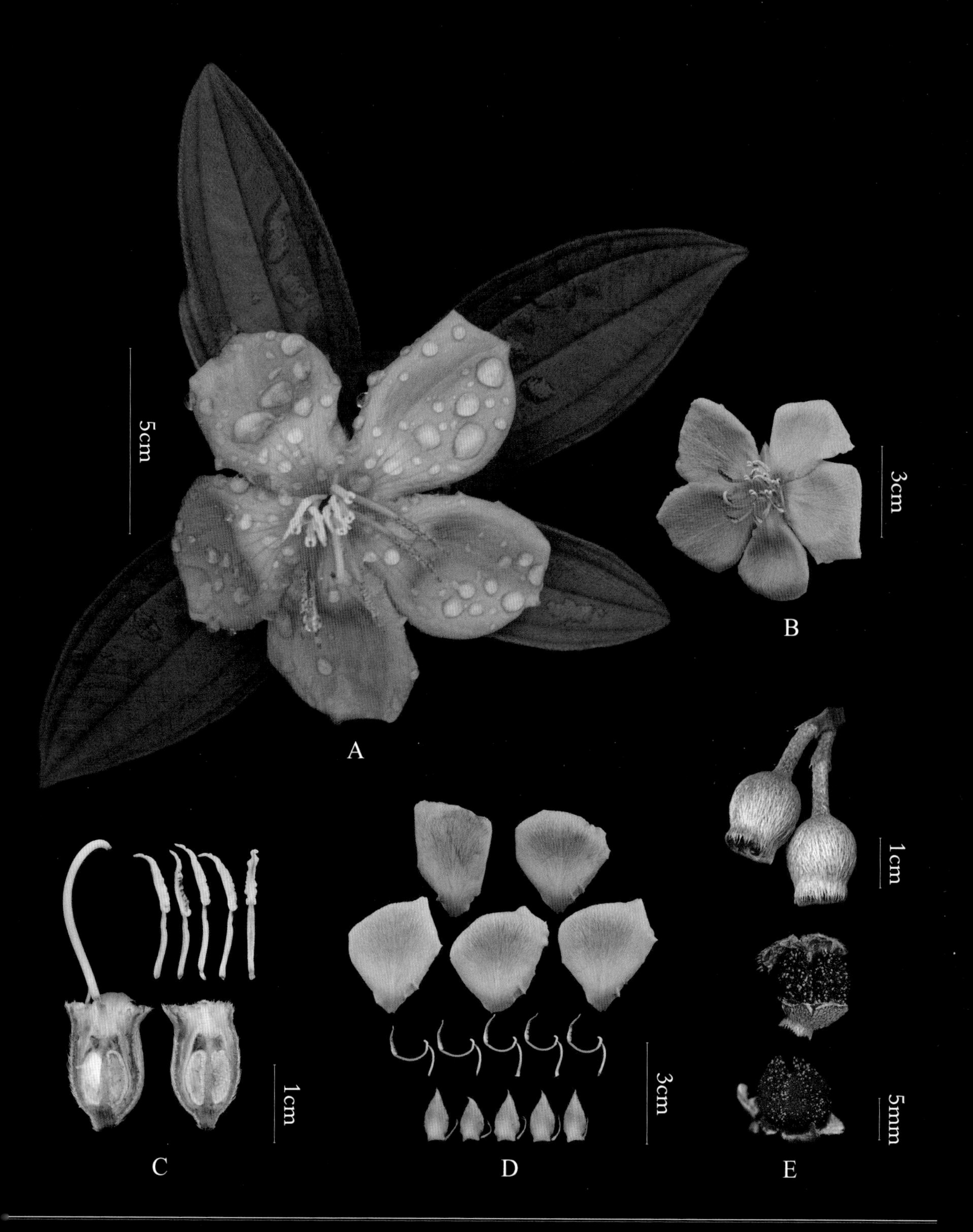

· A：灌木；茎分枝多，被糙伏毛；叶对生，长椭圆形，被糙伏毛；花着生于分枝顶端。

· B：花粉红色，直径约 5cm。

· C：雄蕊短者药隔不延长；子房半下位。

· D：雄蕊 10 枚，异形，长者药隔下延成 1 个弯曲的附属体；花瓣倒卵形，顶端圆形；花萼裂片 5 片，裂片广披针形，裂片间具小裂片 1 枚。

· E：蒴果坛状球形，顶端平截，密被糙伏毛。种子小，近马蹄形。

漆

Toxicodendron vernicifluum (Stokes) F. A. Barkl.

漆树科 Anacardiaceae

漆树属 *Toxicodendron*

漆树科

· A：小枝粗壮，被棕黄色柔毛；花排成腋生圆锥花序。
· B：奇数羽状复叶，小叶 4~6 对，卵状椭圆形或长圆形，先端急尖，基部偏斜，全缘。
· C：圆锥花序，长 15~30cm，被灰黄色微柔毛；花单性，黄绿色。
· D：花侧面观，花瓣花时外卷。
· E：花正面观。
· F：雌花雄蕊花丝短，花药长圆形，子房球形。
· G：花萼裂片卵形，花瓣长圆形。

樟叶槭

Acer coriaceifolium Lévl.

无患子科 Sapindaceae

槭属 *Acer*

无患子科

· A：乔木；花序伞房状，有黄绿色绒毛。

· B：单叶，对生，长圆状披针形，上面绿色，无毛，下面淡绿色，被白粉和淡褐色绒毛，后脱落。

· C：萼片 5 片，淡绿色，长圆形；花瓣 5 片，淡黄色，倒卵形；雄蕊 8 枚，长于花瓣；子房有淡白色长柔毛。

· D：花辐射状；花盘位于雄蕊外侧，被淡白色长柔毛。

· E：翅果黄褐色，张开成锐角，小坚果凸起。

山油柑

Acronychia pedunculata (L.) Miq.

芸香科 Rutaceae

山油柑属 *Acronychia*

芸香科

· A：灌木；聚伞花序腋生于枝条近顶部。
· B：叶片椭圆形至长圆形，全缘，下面密生腺点；叶柄两端明显增粗，近叶端有关节。
· C：花黄白色，直径 1.2~ 1.6cm。
· D：雌蕊由 4 个合生心皮组成；雄蕊 8 枚；花瓣 4 片，狭长椭圆形，盛开时反卷。
· E：幼果绿色。
· F：果实成熟时淡黄色，半透明，近圆球形而略有棱角。

两面针

Zanthoxylum nitidum (Roxb.) DC.

芸香科 Rutaceae

花椒属 *Zanthoxylum*

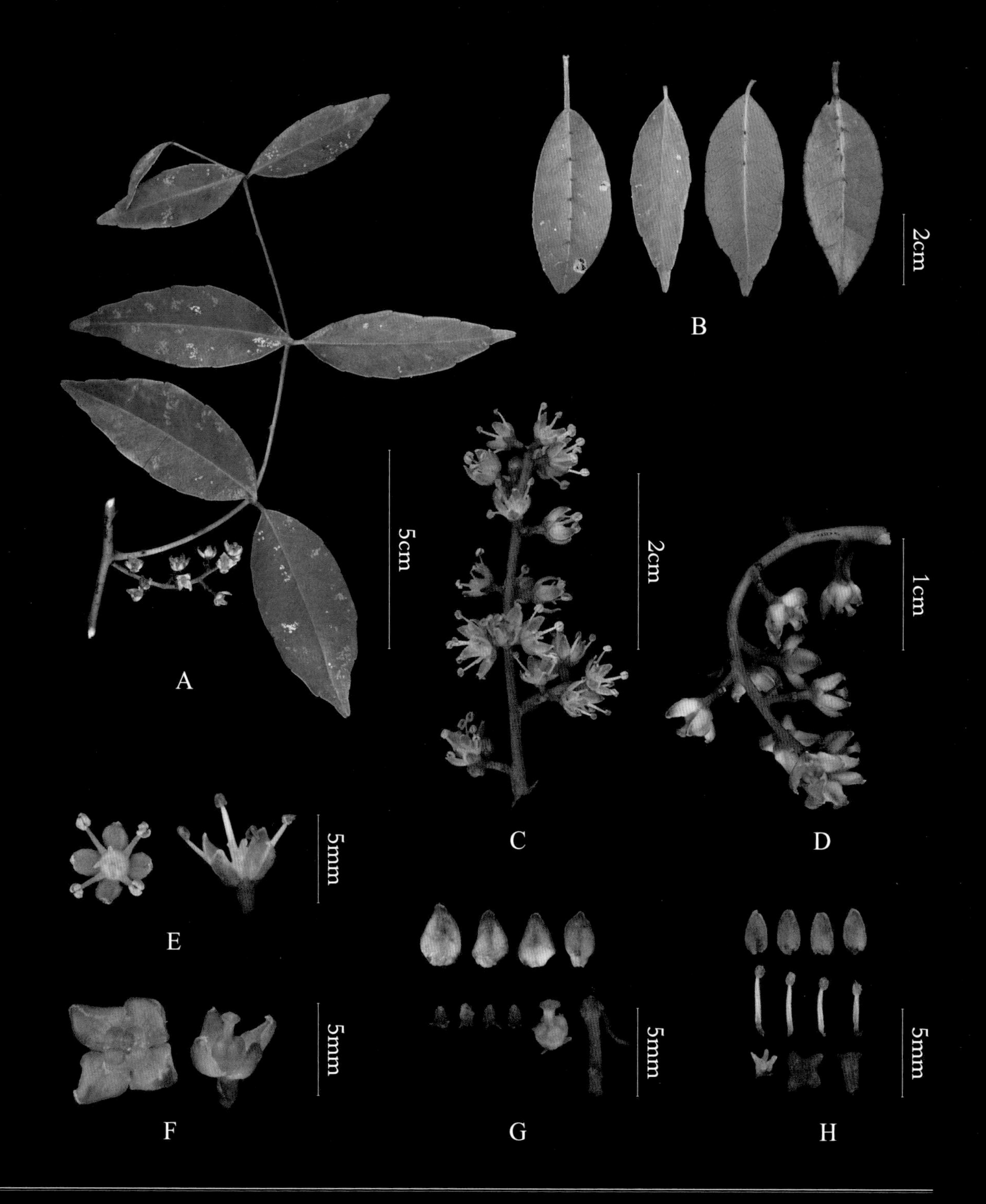

· A：羽状复叶有小叶 5~11 枚，小叶对生；花序腋生。

· B：小叶长椭圆形，顶端短尖，基部阔楔形，中脉常疏生下弯锐尖皮刺。

· C：雄花序。

· D：雌花序。

· E：雄花，雄蕊 4 枚，开花时伸出花瓣外。

· F：花 4 基数。

· G：雌花花托柱头，心皮 4 枚，花萼 4 裂，花瓣 4 片，较雄花瓣宽。

· H：雄花花萼 4 裂，花瓣 4 片，雄蕊长 5~6mm，退化雄蕊半球形，垫状，顶部 4 浅裂。

麻　楝

Chukrasia tabularis A. Juss.

楝科 Meliaceae

麻楝属 *Chukrasia*

楝科

A：圆锥花序顶生，长约为叶的一半，具短的总花梗。

B：小叶互生，长圆状披针形，先端渐尖，基部圆形，偏斜。

C：花瓣 5 片，黄色或略带紫色，长圆形。

D：雄蕊管圆筒形，顶端近截平，花药 10 枚，着生于管的近顶部；子房具柄，花柱圆柱形，柱头头状。

E：蒴果灰黄色或褐色，近球形或椭圆形，顶端有小凸尖。

楝

Melia azedarach L.

楝科 Meliaceae

楝属 *Melia*

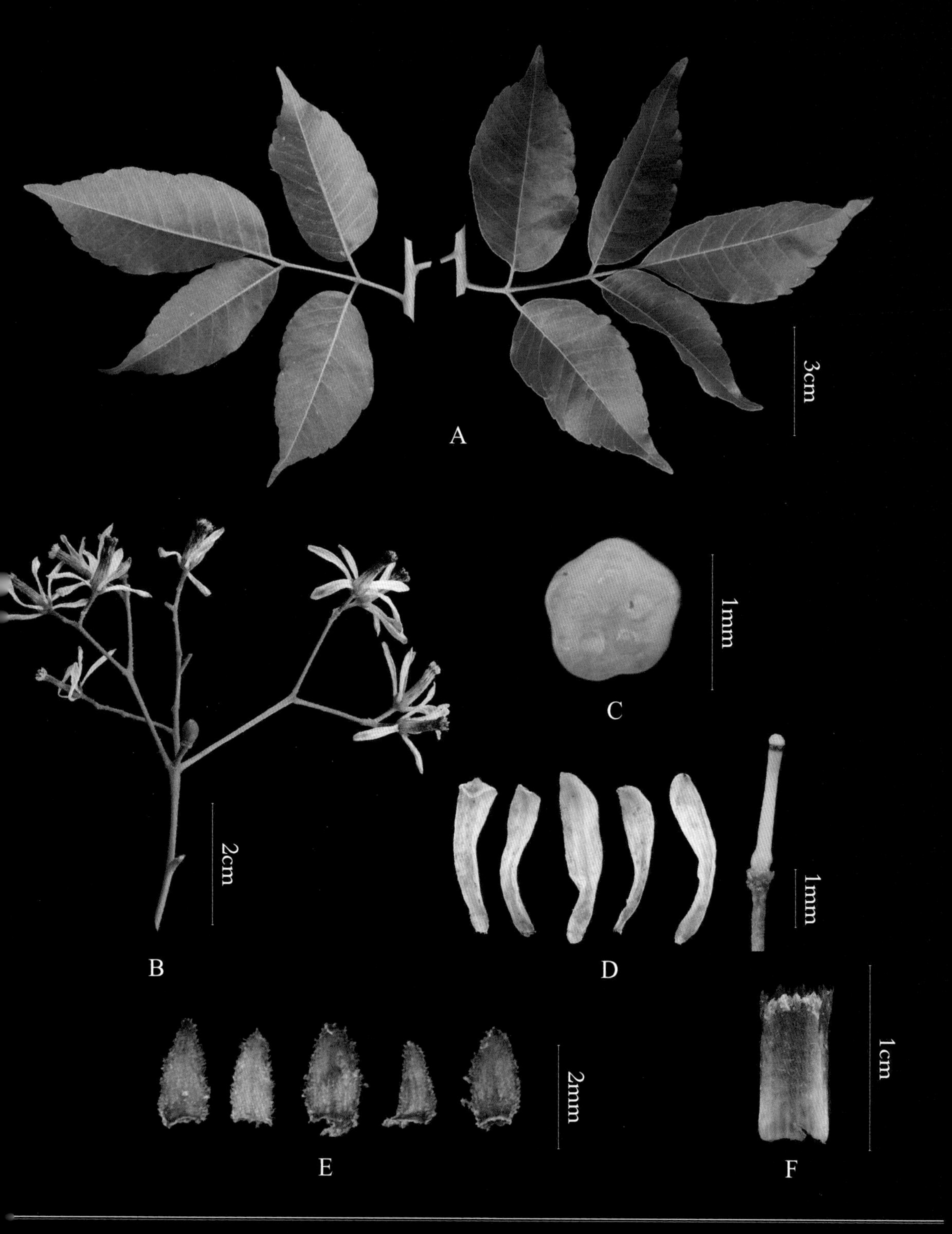

A：叶为 2~3 回奇数羽状复叶，小叶对生，基部偏斜，边缘有钝锯齿。

B：圆锥花序约与叶等长，无毛或幼时被鳞片状短柔毛。

C：子房 5~6 室，每室有胚珠 2 颗。

D：花瓣淡紫色，倒卵状匙形，长约 1cm，两面均被微柔毛；子房近球形，花柱细长，柱头头状。

E：萼片 5 深裂，裂片卵形，外面被微柔毛。

F：雄蕊管紫色，管口有 10~12 枚裂片，花药 10 枚着生于裂片内侧。

常　山

Dichroa febrifuga Lour.

绣球花科 Hydrangeaceae

常山属 *Dichroa*

绣球花科

A：叶椭圆形，长 6~25cm，宽 2~10cm，边缘具锯齿，侧脉 8~10 对。

B：伞房状圆锥花序多顶生，长达 8 cm，被细柔毛。

C：花瓣 5~6 片，长圆状椭圆形，蓝色或白色，近肉质；雄蕊 10~20 枚，花丝线形，花药短。

D：花萼倒圆锥形，4~6 裂。

E：浆果，幼时绿色，成熟时蓝色；具宿存花柱及萼齿。

阔萼凤仙花

Impatiens platysepala Y. L. Chen
凤仙花科 Balsaminaceae
凤仙花属 *Impatiens*

凤仙花科

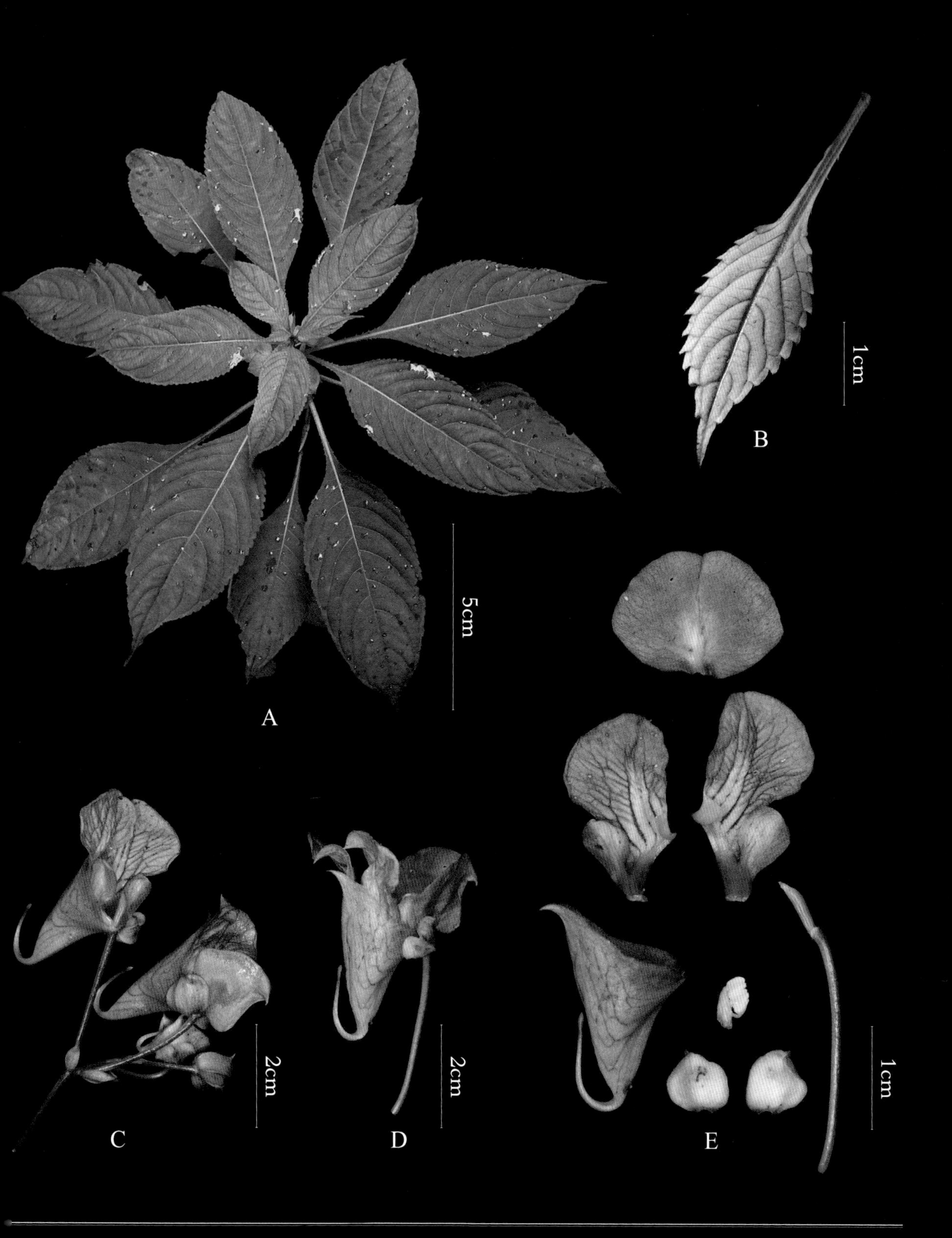

· A：草本，全株无毛。

· B：叶片近膜质，卵状披针形，长 8~15cm，宽 2.5~5cm，边缘有齿。

· C：花近伞形状排列。

· D：花粉红色，长 3.5~4cm。

· E：子房纺锤形；侧生萼片 2 枚；唇瓣宽漏斗状，有卷曲的距；翼瓣 2 裂，旗瓣近圆形。

野　柿

***Diospyros kaki* var. *silvestris* Makino**

柿科 Ebenaceae

柿属 *Diospyros*

柿科

· A：花雌雄异株，或雄株中有少数雌花，雌株中有少数雄花。

· B：叶纸质，卵状椭圆形，下面密被短柔毛。

· C：雌花花冠淡黄白色，壶形，较花萼短小，4 裂，裂片阔卵形。

· D：雄花花萼钟状，深 4 裂，裂片卵形；花冠钟状，4 裂，黄白色，裂片卵形。

· E：雌花花萼绿色，深 4 裂，裂片阔卵形；子房扁球形。

· F：雌花退化雄蕊 8 枚。

· G：雄花正面观。

· H：雄花雄蕊 16~24 枚，着生在花冠管的基部，连生成对。

· I：果椭圆形至球形，果径一般不超过 5cm。

白背黄花稔

Sida rhombifolia L.

锦葵科 Malvaceae

黄花棯属 *Sida*

锦葵科

· A：亚灌木；叶对生，菱形或长圆状披针形，上面疏被星状柔毛至近无毛，下面被灰白色星状柔毛；花单生于叶腋。

· B：花黄色，直径约 1cm。

· C：花萼杯状，长 3~5mm，5 裂，裂片三角形，被星状短棉毛。

· D：花冠 5 片，倒卵形，顶端圆，基部狭。

· E：单体雄蕊，雄蕊柱长约 5mm。

· F：分果半球形，被星状柔毛。

泽珍珠菜

Lysimachia candida Lindl.
报春花科 Primulaceae
珍珠菜属 *Lysimachia*

报春花科

· A：草本；茎直立；茎生叶倒卵形；花多数，密集，排成顶生总状花序。
· B：花冠钟状，长 6~8mm，白色。
· C：花冠 5 裂至中部，裂片阔披针形；雄蕊 5 枚，不超出花冠。
· D：苞片线形；花萼 5 深裂，裂片狭披针形。子房球形，无毛，花柱长约 5mm。

假婆婆纳

Stimpsonia chamaedryoides Wright ex A. Gray

报春花科 Primulaceae

假婆婆纳属 *Stimpsonia*

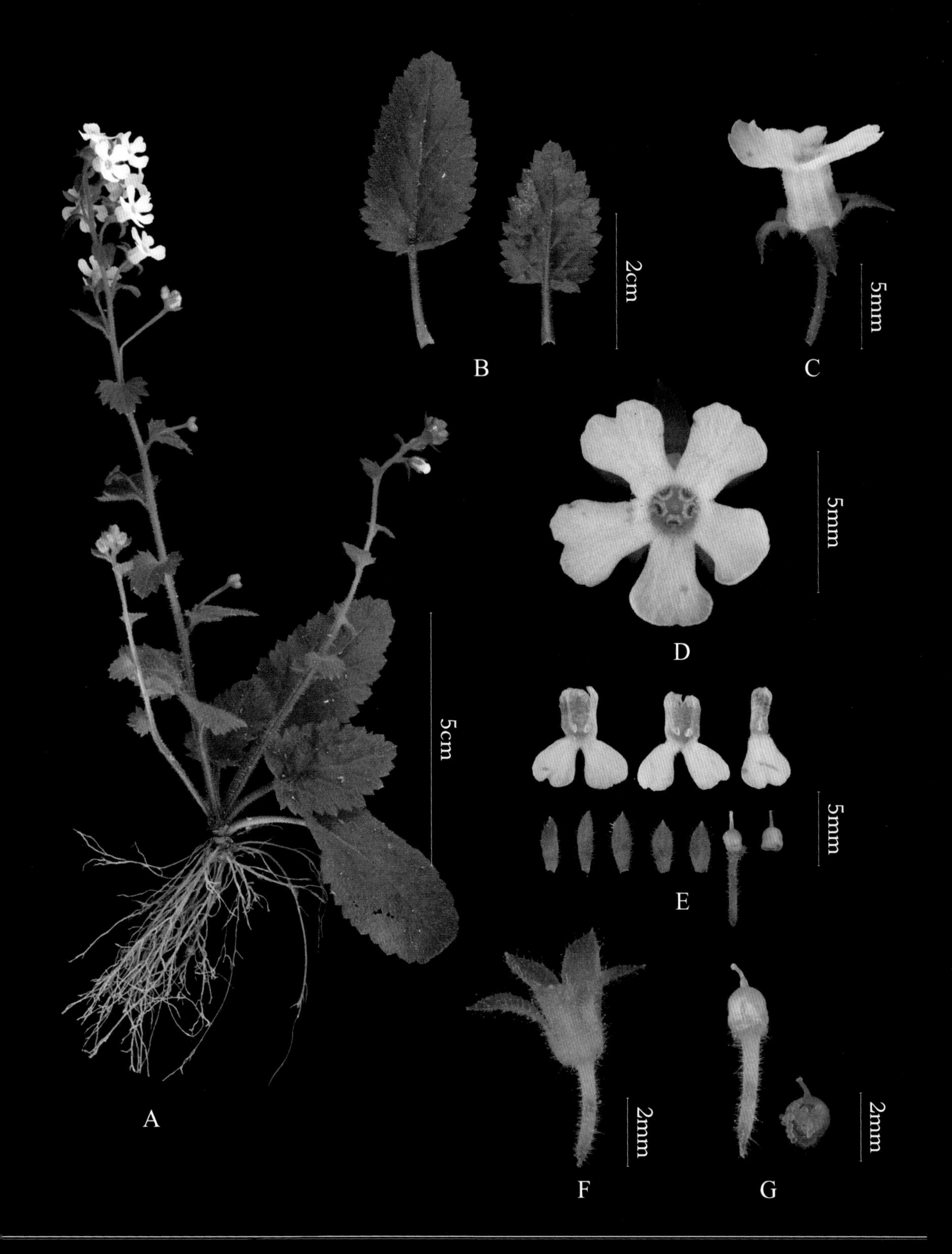

· A：茎纤细，直立，被多细胞腺毛。
· B：叶椭圆形或卵形，顶端钝，基部圆，边缘具锯齿，两面密被柔毛和腺点。
· C：花侧面观，高脚碟状花冠。
· D：花正面观。
· E：花冠白色，裂片椭圆形，顶端凹缺。
· F：花萼裂片狭椭圆形，顶端钝，具柔毛。
· G：子房球形，上位，1 室，花柱短。

赛山梅

Styrax confusus Hemsl.

安息香科 Styracaceae

安息香属 *Styrax*

安息香科

· A：开花枝，单叶互生。
· B：叶卵状椭圆形，顶端急尖，基部宽楔形，边缘具不明显细锯齿。
· C：总状花序顶生，具花 3~8 朵，下部常有 2~3 朵花聚生叶腋。
· D：花侧面观；花蕾时花冠呈镊合状排列。
· E：花白色，长 1.5~2.2cm。
· F：花柱丝状；花冠 5 深裂，裂片长圆状披针形。
· G：雄蕊 10 枚，花丝扁平，下部合生成管，花药长圆形；花萼杯状，顶端具 5 浅齿。

中华猕猴桃

Actinidia chinensis Planch.

猕猴桃科 Actinidiaceae

猕猴桃属 *Actinidia*

猕猴桃科

- A：藤本；小枝被绒毛，后脱落；聚伞花序腋生，具花 1~3 朵。
- B：浆果近球形至长圆形，长 4~5 cm，疏被短绒毛，具斑点。
- C：花初放时白色，放后变淡黄色，有香气，直径 1.8~3.5cm。
- D：萼片和花瓣 5 片，有时 4 或 6 片；萼片阔卵形，被绒毛；花瓣阔倒卵形；雄蕊极多。
- E：叶纸质，阔卵形，长 6~17cm，宽 7~15cm；叶柄长 3.5~6 cm，被绒毛或刺毛。

杜　鹃

Rhododendron simsii Planch.

杜鹃花科 Ericaceae

杜鹃花属 *Rhododendron*

杜鹃花科

- A：灌木；枝具糙伏毛；花 2~6 朵簇生枝顶。
- B：叶薄革质，椭圆形，两面被糙伏毛。
- C：花冠阔漏斗形，上部裂片具深红色斑点。
- D：花红色；雄蕊 10 枚，中部以下被微柔毛；子房卵球形，密被糙伏毛。
- E：蒴果卵球形，密被糙伏毛。

玉叶金花

Mussaenda pubescens W. T. Aiton

茜草科 Rubiaceae

玉叶金花属 *Mussaenda*

茜草科

· A：攀缘灌木，单叶对生，花序顶生。
· B：叶卵状长圆形，顶端渐尖，基部楔形，托叶三角形，深 2 裂，裂片钻形。
· C：聚伞花序，密花。
· D：聚伞花序。
· E：花侧面观，漏斗状花冠。
· F：花蕾。
· G：花正面观，内面喉部密被棒形毛。
· H：花萼管陀螺形，萼裂片线形；花冠裂片长圆状披针形；雄蕊 5 枚，着生于冠管喉部；花柱短，内藏。

白马骨

Serissa serissoides (DC.) Druce

茜草科 Rubiaceae

白马骨属 *Serissa*

· A：小灌木；叶卵形，长 1.5~ 4cm，宽 0.7~ 1.3cm；托叶具锥形裂片；花无梗，生于小枝顶部，有苞片。

· B：花白色。

· C：花冠管长 4mm，外面无毛，喉部被毛，裂片 5 片，长圆状披针形，长 2.5mm。

· D：花萼合生，萼檐 5 裂，裂片披针状锥形。

· E：花柱长约 7mm，柱头 2 裂，裂片长 1.5mm。

台湾醉魂藤

Heterostemma brownii Hayata

夹竹桃科 Apocynaceae

醉魂藤属 *Heterostemma*

夹竹桃科

· A：木质藤本；茎柔细，无毛；叶卵圆形至长圆状卵圆形；叶柄长约 3cm，上面具槽，顶端具有丛生小腺体。

· B：聚伞花序伞形状，腋生，单个，着花 10~20 朵；花梗长短不一，纤细，被微毛。

· C：花萼裂片卵圆形，外面被微毛，花萼内面基部着生有小腺体；花冠近钟状，裂片宽卵状三角形，顶端钝，两面无毛，上部边缘反卷。

络 石

Trachelospermum jasminoides (Lindl.) Lem.

夹竹桃科 Apocynaceae

络石属 *Trachelospermum*

· A：叶对生；二歧聚伞花序顶生或生于小枝上部叶腋。

· B：叶椭圆形，顶端渐尖，基部楔形，上面浅绿色，无毛，下面灰白色，被柔毛。

· C：花白色，高脚碟状，芳香。

· D：花冠裂片倒卵状长圆形，无毛。

· E：花萼 5 深裂，裂片披针形；雄蕊 5 枚，花药箭头形；子房无毛，花柱圆柱状，柱头卵圆形。

五爪金龙

Ipomoea cairica (L.) Sweet

旋花科 Convolvulaceae

虎掌藤属 *Ipomoea*

旋花科

- A：缠绕藤本；茎细长，有棱；叶互生，掌状全裂，裂片5片。
- B：雄蕊5枚，不等长，花丝基部稍扩大；花柱纤细，柱头2裂，球形；花萼5片，内面3片稍长。
- C：雄蕊和雌蕊内藏在花冠内。
- D：聚伞花序腋生，花冠紫红色，漏斗状。
- E：花冠冠檐5浅裂。

少花龙葵

Solanum americanum Miller

茄科 Solanaceae

茄属 *Solanum*

茄科

A：花序近伞形，着花 1~6 朵，腋外生。

B：叶卵形至卵状长圆形，先端渐尖，基部楔形，下延至叶柄而成翅。

C：总花梗长 1~2cm。

D：花萼绿色；花冠白色，裂片卵状披针形；花丝极短，花药黄色；子房近圆形，中部以下具白色绒毛，柱头小。

E：浆果球状，直径约 5mm。

F：浆果成熟时黑色。

小　蜡

Ligustrum sinense Lour.

木樨科 Oleaceae

女贞属 *Ligustrum*

木樨科

A：灌木或小乔木；小枝圆柱形，淡黄色，幼时被短柔毛；单叶对生。

B：圆锥花序顶生或腋生，塔形，花序轴被较密柔毛或无毛。

C：叶片卵形至披针形，上面暗绿色，下面浅绿色。

D：花白色，花瓣合生，下面管状，上面裂片4枚，长圆状椭圆形。

E：花萼钟状；雄蕊2枚；柱头棍棒状。

F：果近球形，直径5~8mm。

闽赣长蒴苣苔

Didymocarpus heucherifolius Hand.-Mazz.

苦苣苔科 Gesneriaceae

长蒴苣苔属 *Didymocarpus*

苦苣苔科

· A：草本；叶基生，叶片卵状心形至圆肾形，边缘浅裂，基出脉 4~ 5 条。
· B：聚伞花序 1~2 回分枝，具花 3~8 朵。
· C：花冠粉红色，筒钟状，长 2~3cm。
· D：花冠檐部二唇形，上唇 2 裂，长圆形，下唇 3 裂。
· E：能育雄蕊 2 枚，花药连着。
· F：子房条形，密被柔毛；花盘环状；花萼裂片 5 枚，被疏展柔毛。

贵州半蒴苣苔

Hemiboea cavaleriei Lévl.

苦苣苔科 Gesneriaceae

半蒴苣苔属 *Hemiboea*

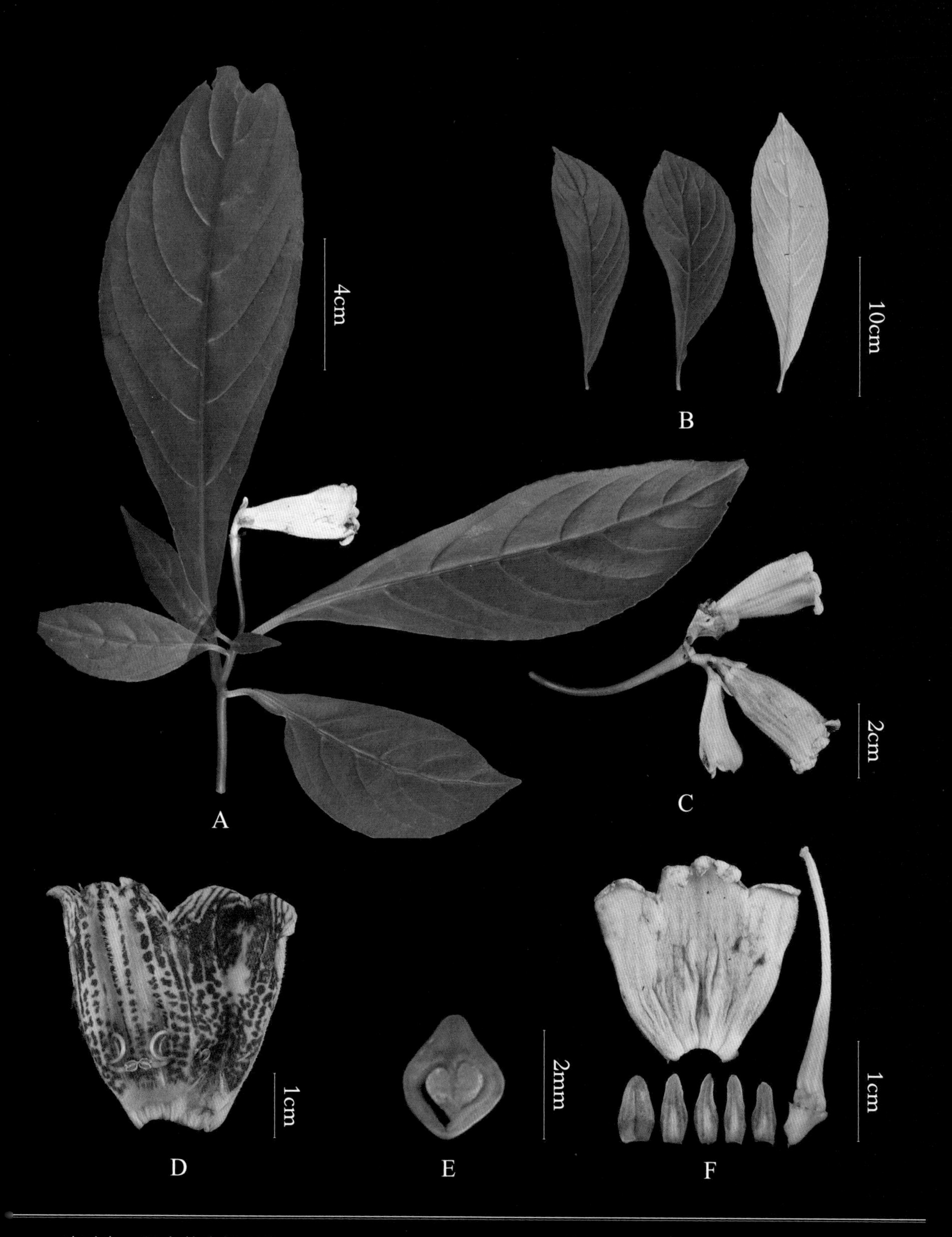

· A：叶对生，聚伞花序假顶生。

· B：叶稍肉质，顶端渐尖，基部楔形，常不相等，边缘有锯齿，疏生短柔毛。

· C：每花序具花 3~12 朵；花序梗长 0.5~6.5cm，无毛。

· D：花冠内有紫色斑点；雄蕊花丝着生于距花冠基部 10~15mm 处。

· E：子房 2 室。

· F：花冠淡黄色；花萼 5 片，离生，无毛。子房线形，无毛，柱头钝形。

大花石上莲

Oreocharis maximowiczii Clarke

苦苣苔科 Gesneriaceae

马铃苣苔属 *Oreocharis*

- A：草本；叶全部基生。
- B：叶片椭圆形，上面密被贴伏短柔毛，下面密被褐色绢状绵毛。
- C：花冠钟状粗筒形，长 2~2.5cm，粉红色、淡紫色，外面近无毛。
- D：檐部稍二唇形，上唇 2 裂，下唇 3 裂。
- E：子房线形，长约 1.5cm，柱头 1 枚，盘状；能育雄蕊 4 枚，2 对。
- F：花萼 5 裂至近基部，裂片长圆形，外面被绢状绵毛。
- G：蒴果倒披针形，长约 5cm，无毛。

钟冠报春苣苔

Primulina swinglei (Merr.) Mich. Möller & A. Weber

苦苣苔科 Gesneriaceae

报春苣苔属 *Primulina*

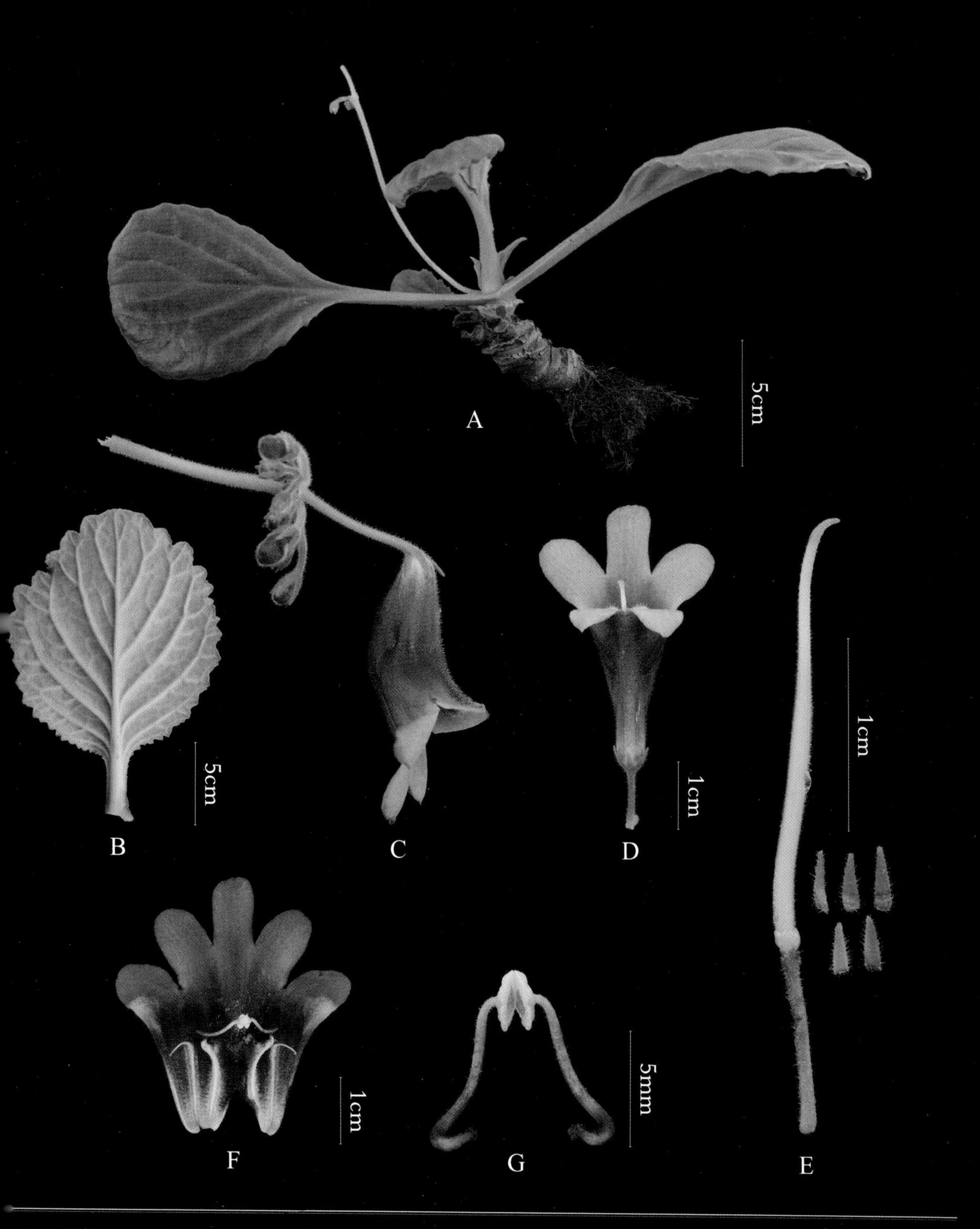

· A：草本，节缩短，叶生茎顶端。

· B：叶椭圆形或椭圆状卵形，有时近圆形，边缘有不整齐波状小齿。

· C：花序具花 3~6 朵，花序梗长 2.8~17cm，被短柔毛。

· D：花淡蓝色带紫色，长 2.8~ 4.2cm，筒部钟状，外面疏被短柔毛。

· E：花萼 5 深裂，裂片披针状线形；子房密被短柔毛，花柱疏被短柔毛。

· F：花冠内部。

· G：雄蕊稍膝状弯曲，疏被短毛。

阿拉伯婆婆纳

Veronica persica Poir.

车前科 Plantaginaceae

婆婆纳属 *Veronica*

车前科

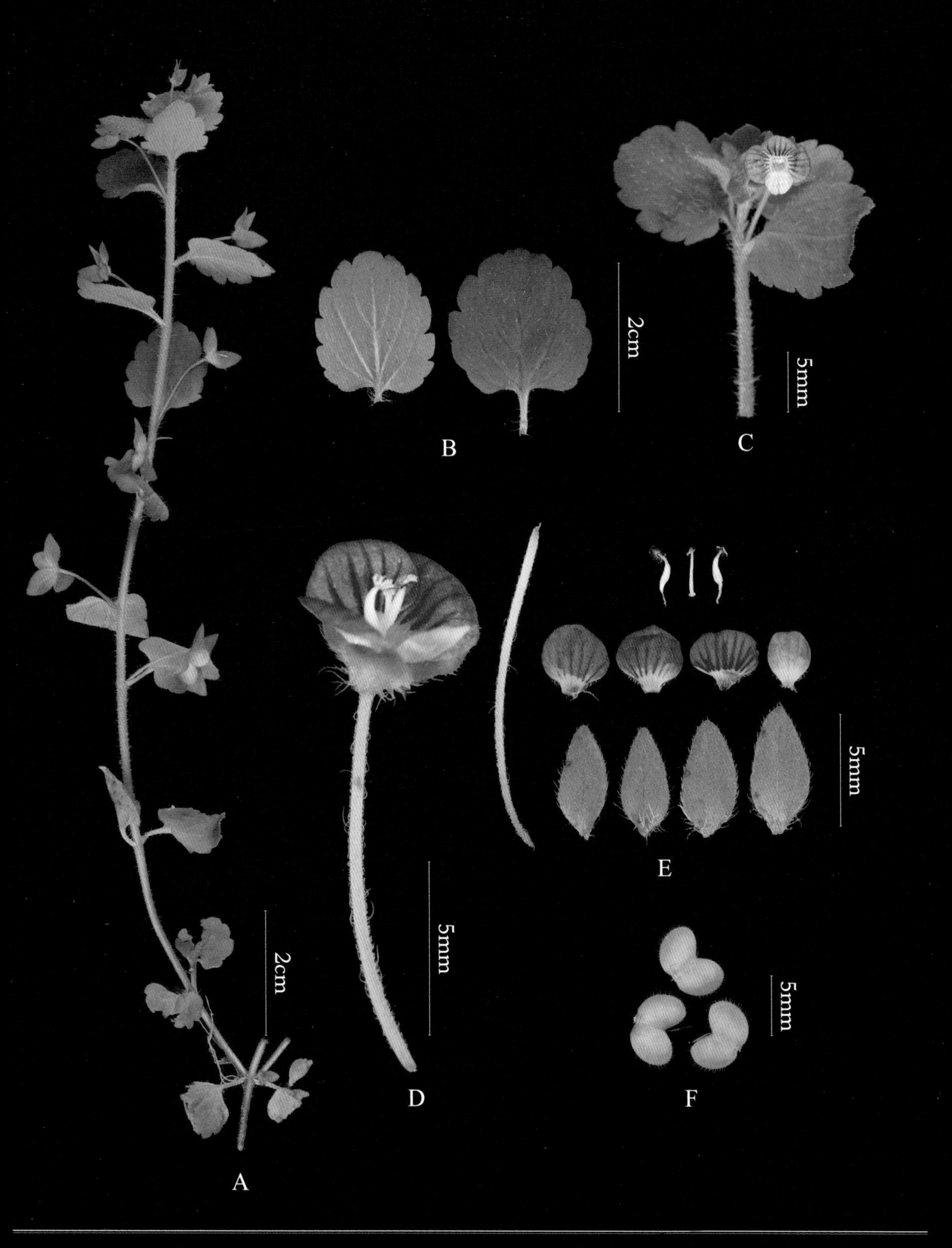

· A：草本；茎铺散，多分枝，密生柔毛；总状花序很长。
· B：叶 2~4 对（腋内生花的称苞片），卵形或圆形，长 6~20mm，宽 5~18mm，疏生柔毛。
· C：苞片叶状，互生。
· D：花梗长，约 12mm。
· E：雄蕊 2 枚，花瓣蓝色，长 4~6mm，裂片卵形至圆形；花萼裂片卵状披针形，有睫毛。
· F：蒴果肾形，被腺毛，凹口角度超过 90°。

板　蓝

Strobilanthes cusia (Nees) Kuntze

爵床科 Acanthaceae

马蓝属 *Strobilanthes*

· A：草本或亚灌木；叶对生，椭圆形，长7~20cm，宽2.5~9cm；穗状花序，直立。
· B：穗状花序具2~3节，每节有2朵对生的花。
· C：花冠淡紫色，漏斗状；雄蕊4枚，2强。
· D：花萼5深裂，裂片线形，长1~1.4cm，其中1片较长，为匙形；花柱细长，被毛。

猫爪藤

Macfadyena unguis-cati (L.) A. Gentry

紫葳科 Bignoniaceae

猫爪藤属 *Macfadyena*

紫葳科

· A：藤本；叶对生，小叶 2 枚，长圆形，花单生或组成圆锥花序。

· B：花冠钟状至漏斗状，黄色，长 5~7cm，宽 2.5~4 cm。

· C：花蕾 。

· D：花瓣檐部裂片 5 片，近圆形，不等大；花萼钟状，近于平截。

· E：雄蕊 4 枚，两两成对，内藏；花柱细长，柱头 2 片。

· F：子房 2 室，胚珠多数。

禾叶挖耳草

Utricularia graminifolia Vahl

狸藻科 Lentibulariaceae

狸藻属 *Utricularia*

狸藻科

· A：陆生小草本；匍匐枝多数，丝状；叶器生于匍匐枝上，线形或线状倒披针形；捕虫囊散生于匍匐枝和侧生于叶器上，球形，侧扁。

· B：花序直立，无毛，中部以上具 1~6 朵疏离的花。

· C：花冠淡蓝色至紫红色；小苞片钻形，具 1 脉。

· D：上唇狭长圆形，顶端圆或微凹；下唇较大，卵圆形。

· E：距狭圆锥状钻形，顶端渐尖；雄蕊 2 药室汇合；子房宽椭圆球形；花萼 2 裂，裂片卵形。

金疮小草

Ajuga decumbens Thunb.

唇形科 Lamiaceae

筋骨草属 *Ajuga*

唇形科

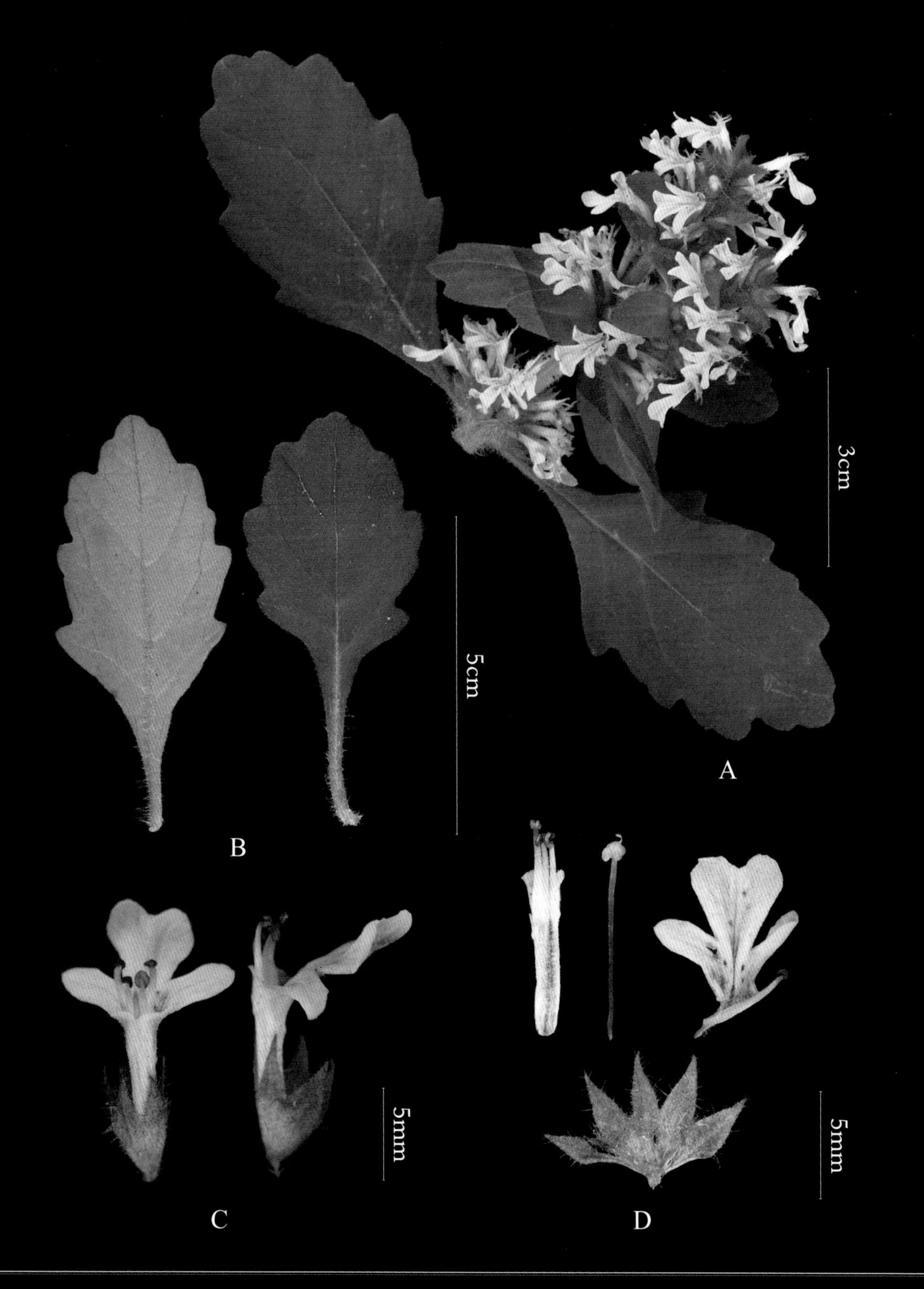

· A：轮伞花序多花，排成间断或上部密集的假穗状花序。
· B：叶匙形，顶端钝，基部渐狭，下延成柄，边缘具不整齐的波状圆齿。
· C：花冠二唇形，白色，筒长 8~10mm，上唇短，下唇 3 裂。
· D：雄蕊 4 枚，二强，花丝细弱；花柱细长，柱头 2 浅裂，花盘环状；花萼漏斗状，被疏柔毛，顶端 5 齿，齿狭三角形。

益母草

Leonurus japonicus Houttuyn

唇形科 Lamiaceae

益母草属 *Leonurus*

· A：草本；茎钝四棱形，微具槽；叶对生，掌状 3 裂；轮伞花序腋生。

· B：花粉红色至淡紫红色，长 1~1.2cm。

· C：花萼管状钟形，5 脉，顶端 5 齿，先端刺尖。

· D：花冠二唇形，上唇直伸，下唇 3 裂。

· E：花柱丝状，顶端 2 等裂；雄蕊 4 枚，花丝扁平，花药卵圆形。

喜雨草

Ombrocharis dulcis Hand.-Mazz.

唇形科 Lamiaceae

喜雨草属 *Ombrocharis*

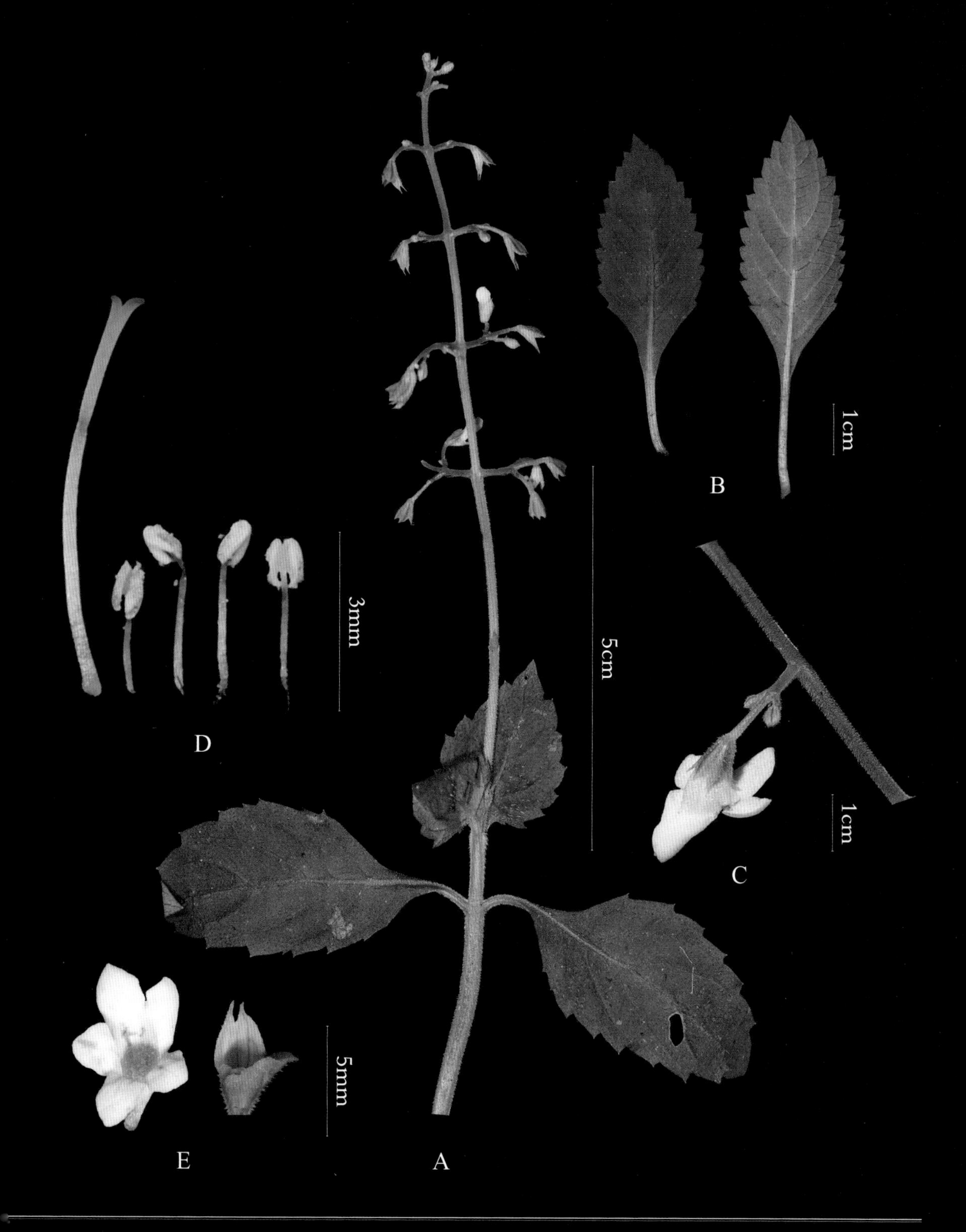

A：草本；茎稍圆柱状，具四槽，被柔毛；对生的聚伞花序再组成总状花序。

B：叶对生，边缘具圆齿状锯齿，两面有黄色小腺点，卵圆形或长圆状卵圆形。

C：聚伞花序具 3 花。

D：花药椭圆形，雄蕊 4 枚，花丝丝状，花柱先端相等 2 浅裂。

E：花萼钟形，被疏柔毛；花冠淡紫色，冠筒短且宽，冠檐二唇形。

南丹参

Salvia bowleyana Dunn

唇形科 Lamiaceae

鼠尾草属 *Salvia*

· A：草本；茎钝四棱形，具四槽；羽状复叶，小叶 5（7）片；轮伞花序组成顶生总状花序或总状圆锥花序。

· B：花淡紫色、紫色至蓝紫色，长 1.9~2.4 cm。

· C：花冠二唇形，外被微柔毛。

· D：花萼筒状，二唇形，被具腺疏柔毛及短柔毛；花冠下唇长方形，上唇镰刀形。

· E：花柱长，伸出花冠；能育雄蕊 2 枚，上臂药室发育，下臂药室不发育。

韩信草

Scutellaria indica L.

唇形科 Lamiaceae

黄芩属 *Scutellaria*

A：草本；茎四棱形，带暗紫色；叶对生，卵圆形，长 1~3cm，两面被微毛；花对生，组成总状花序。

B：花冠蓝紫色，长 1.4~1.8 cm，二唇形，上唇盔状，下唇具深紫色斑点。

C：雄蕊 4 枚，二强；花丝扁平，中部以下具小纤毛；冠筒前方基部曲膝，其后直伸。

D：花萼被硬毛及微柔毛，具盾片。

田野水苏

Stachys arvensis L.

唇形科 Lamiaceae

水苏属 *Stachys*

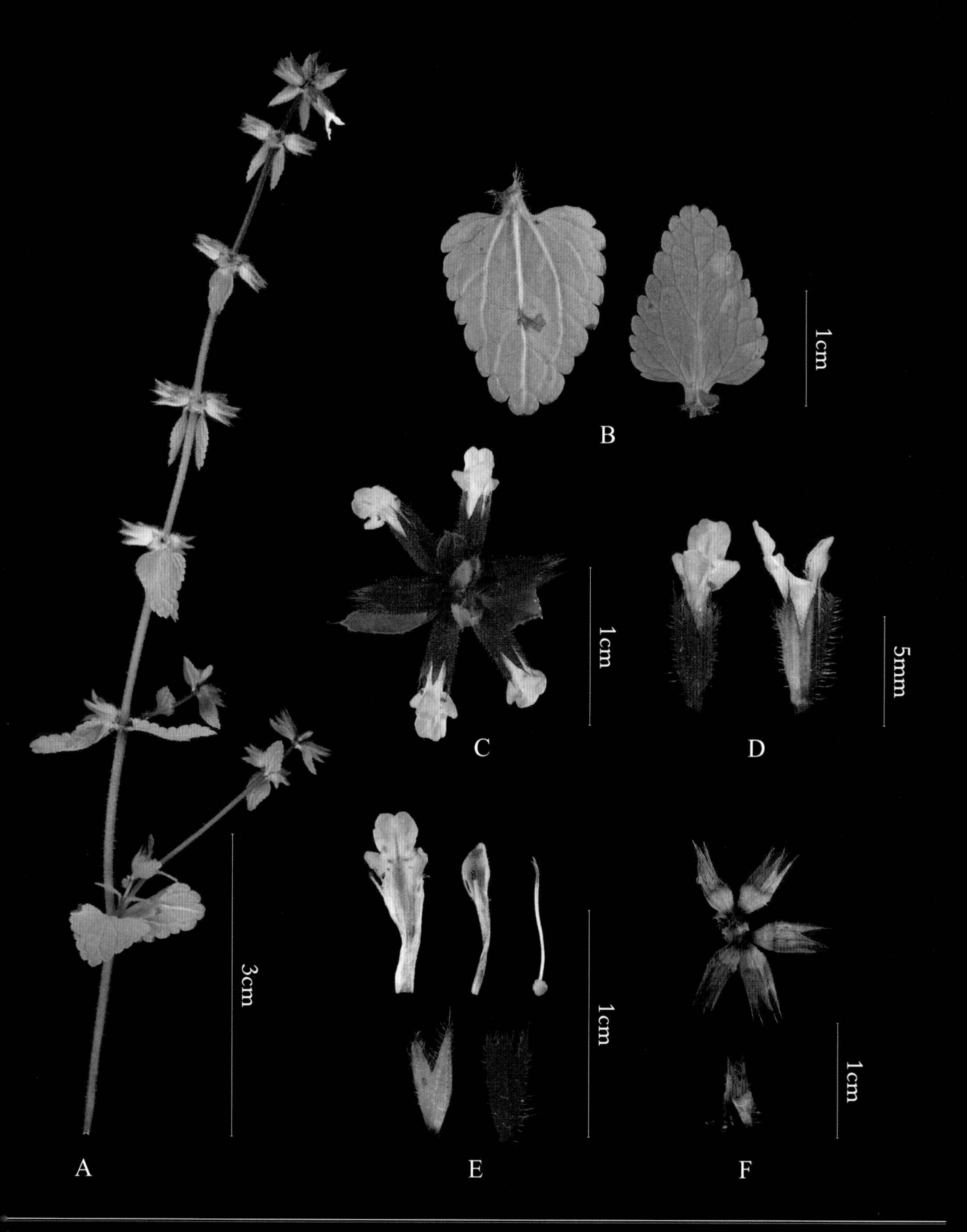

- A：纤细草本；轮伞花序多花，分离。
- B：叶近无毛，卵形，顶端钝，基部阔楔形，边缘具圆齿。
- C：花冠紫红色，长约 3mm。
- D：花萼花时长约 3mm，脉上被短硬毛。
- E：花冠冠檐二唇形，上唇直伸，下唇 3 裂；雄蕊 4 枚。
- F：花萼管状，基部圆形，先端钻状；小坚果卵球形，褐色，光滑。

白花泡桐

Paulownia fortunei (Seem.) Hemsl.

泡桐科 Paulowniaceae

泡桐属 *Paulownia*

· A：幼枝、叶、花序各部和幼果均被黄褐色星状绒毛。
· B：叶片长卵状心脏形，成熟叶片下面密被绒毛或近无毛。
· C：聚伞花序具花 3~8 朵。
· D：白色花冠管状漏斗形，仅背面稍带紫色或浅紫色，管部在基部以上逐渐向上扩大，稍向前曲，外面有星状毛。
· E：花腹部无明显纵褶，内部密布紫色细斑块；雄蕊长 3~3.5cm，有疏腺；花柱长约 5.5cm；花萼倒圆锥形。
· F：蒴果长圆形或长圆状椭圆形。
· G：果皮木质。
· H：种子有翅。

毛冬青

Ilex pubescens Hook. et Arn.

冬青科 Aquifoliaceae

冬青属 *Ilex*

冬青科

A：幼枝密生粗毛或短柔毛，花序簇生于叶腋。

B：叶椭圆形，顶端渐尖，基部钝，近全缘；叶脉和叶柄密被长硬毛。

C：花粉红色，花冠辐状。

D：花裂片卵状长圆形，基部合生；花萼盘状，深裂，被长柔毛。

羊乳

Codonopsis lanceolata (Sieb. et Zucc.) Trautv.

桔梗科 Campanulaceae

党参属 *Codonopsis*

桔梗科

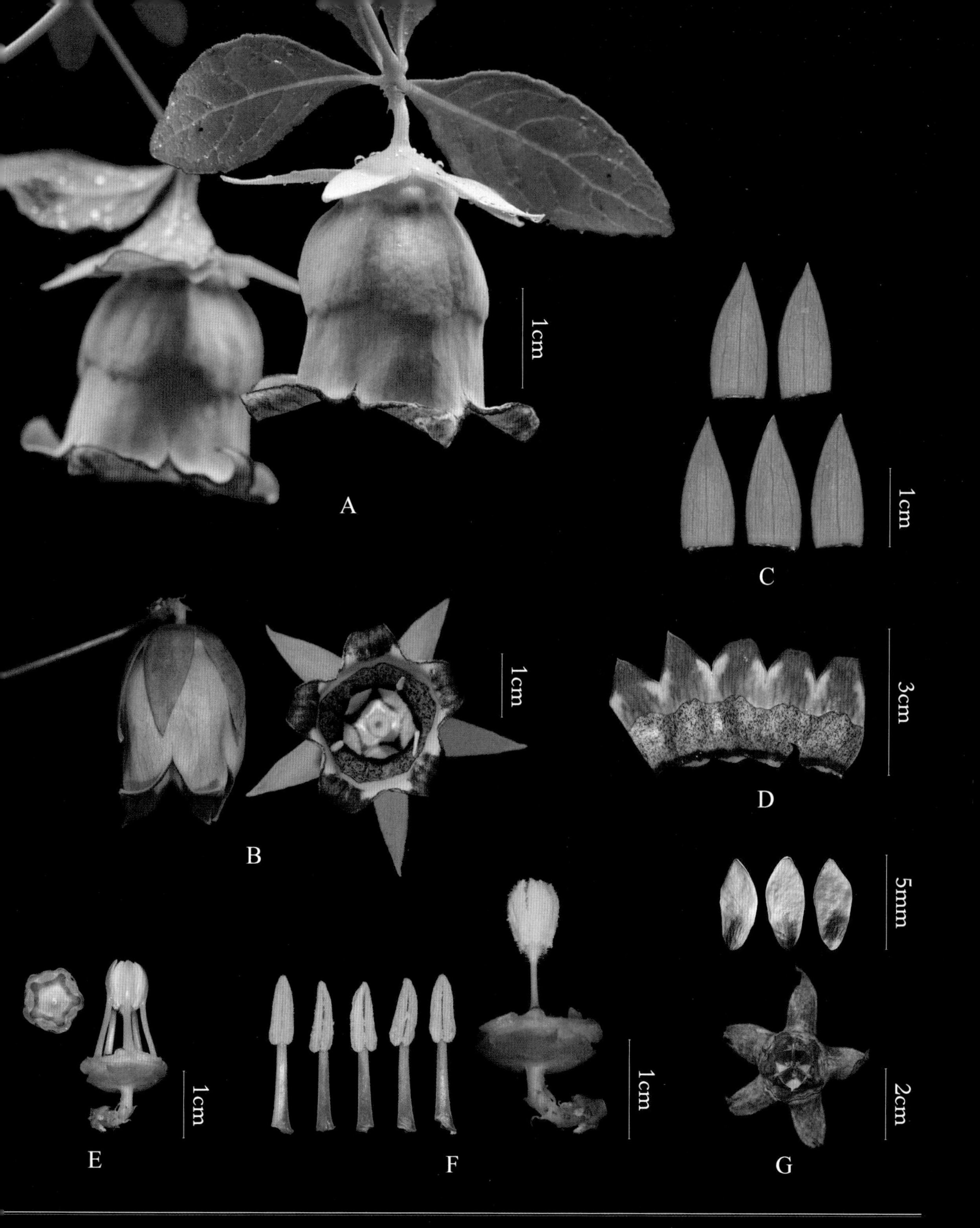

· A：藤本；叶 2~4 片对生或轮生状；花单生或对生于小枝顶端。

· B：花冠阔钟状，黄绿色或乳白色，花直径 3.5~4cm，内面暗紫色。

· C：花萼 5 裂，裂片卵状三角形，具 10 条明显脉纹。

· D：花冠内有紫色斑。

· E：雄蕊着生在花盘上，花盘肉质，下面深绿色。

· F：雄蕊 5 枚；子房半下位，柱头 3 裂。

· G：蒴果圆锥形；种子卵形，有翼。

鬼针草

Bidens pilosa L.

菊科 Asteraceae

鬼针草属 *Bidens*

菊科

· A：草本；茎钝四棱形；三出复叶，茎上对生，小叶边缘有锯齿；花数朵。
· B：头状花序，花序梗长。
· C：总苞草质，条状匙形；外层托片披针形，内层条状披针形。
· D：管状花，黄色，先端 5 齿裂；舌状花，白色，5~7 片。
· E：瘦果黑色，条形，略扁，具棱，顶端芒刺 3~4 枚，具倒刺毛。

蓟

Cirsium japonicum Fisch. ex DC.

菊科 Asteraceae

蓟属 *Cirsium*

· A：草本；叶羽状深裂，两面同色，边缘有针刺及刺齿。
· B：茎生叶互生；茎被多细胞长节毛；头状花序数个生于枝顶端。
· C：头状花序，直径约 4.5cm。
· D：花蕾，花序有 6 层总苞片。
· E：雄蕊 5 枚，花药聚合；小花红色或紫色，檐部不等 5 裂，下部管状；冠毛刚毛长羽毛状。
· F：头状花序，管状花多数。

牛膝菊

Galinsoga parviflora Cav.

菊科 Asteraceae

牛膝菊属 *Galinsoga*

· A：草本；茎纤细，被贴伏短柔毛；叶对生；头状花序排成松散伞房状。

· B：叶卵形至披针形，基出三脉或五脉，被毛，边缘具锯齿。

· C：花梗被毛；总苞片卵形，膜质；管状花，黄色，花冠被毛；舌状花 4~5 个，舌片白色，顶端 3 齿裂，筒部细管状。

· D：瘦果黑色，被白色微毛，冠毛边缘流苏状。

吕宋荚蒾

Viburnum luzonicum Rolfe

五福花科 Adoxaceae

荚蒾属 *Viburnum*

五福花科

· A：花序生于具 1 对叶的侧生短枝顶端或顶生小枝上，总花梗短或几无。
· B：叶卵形，顶端渐尖，基部宽楔形，边缘有深波状锯齿，叶片基部常有数枚腺点。
· C：复伞形状聚伞花序，花蕾圆球形。
· D：花生于第三至第四级辐射枝上。
· E：雄蕊 5 枚，花药宽椭圆形；花冠白色，裂片卵形。

蓪梗花

Abelia uniflora R. Brown
忍冬科 Caprifoliaceae
糯米条属 *Abelia*

忍冬科

· A：灌木；幼枝红褐色；叶对生或轮生，卵形，长 1~2.5cm；叶柄短；花 1~2 朵生于侧枝上部叶腋。

· B：花粉红色至浅紫色，狭钟形，外被短柔毛及腺毛，基部具浅囊。

· C：花冠 5 裂，裂片圆齿形；雄蕊 4 枚，二强；萼筒被短柔毛，顶端 2 裂，裂片椭圆形至长圆形。

· D：花柱细长，连同花丝仅伸达花冠筒喉部。

忍冬

Lonicera japonica Thunb.

忍冬科 Caprifoliaceae

忍冬属 *Lonicera*

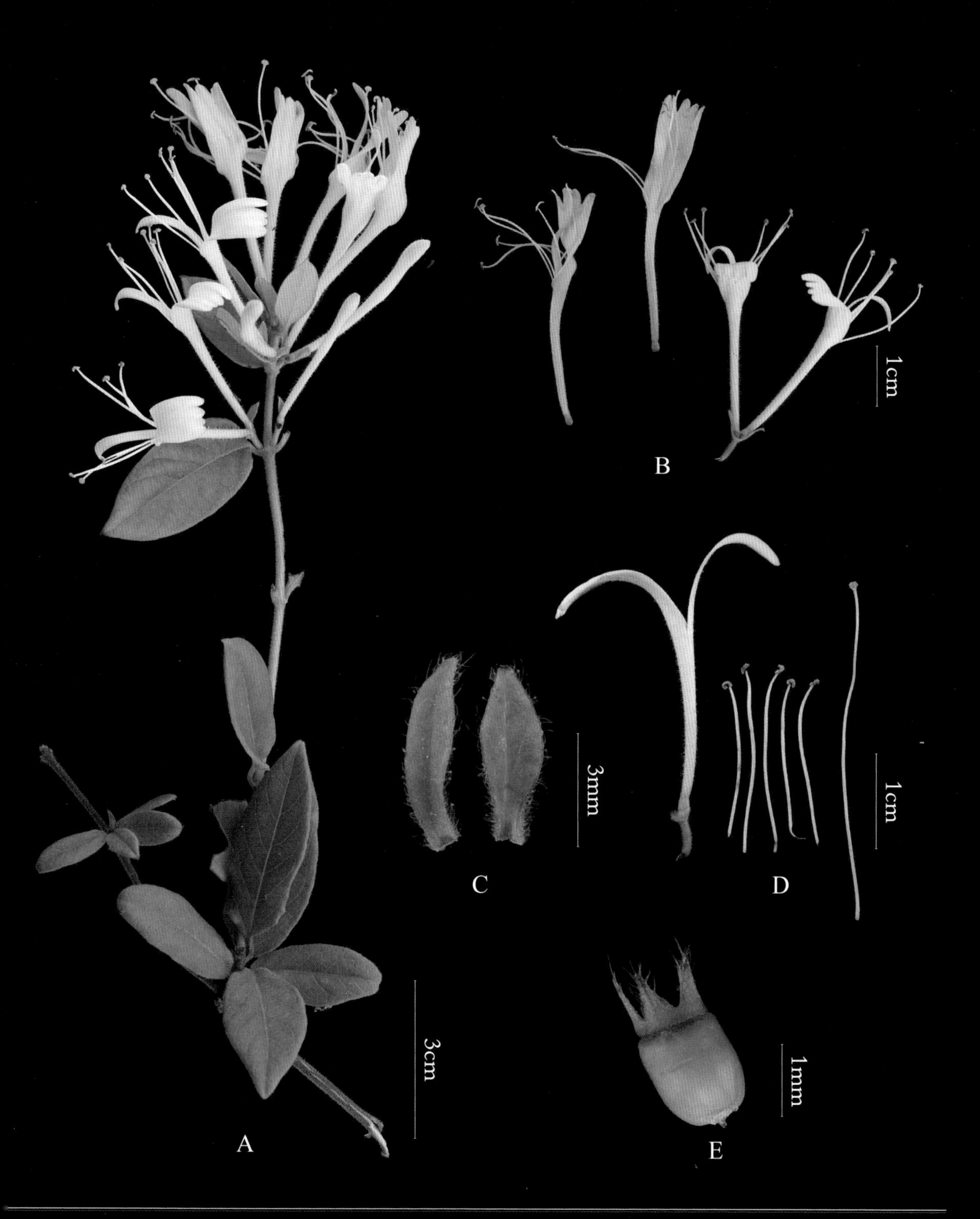

· A：藤本；幼枝被糙毛、腺毛和短柔毛；单叶对生，卵形至披针形；花着生于小枝上部叶腋。
· B：花冠初时白色，后变金黄色；一蒂二花，成双成对。
· C：苞片大，叶状，卵形至椭圆形，被短柔毛。
· D：花二唇状，筒稍长于唇瓣，外被糙毛和长腺毛；雄蕊 5 枚，花药丁字形着生；花柱纤细，柱头头状。
· E：果圆形，成熟时蓝黑色。

海金子

Pittosporum illicioides **Mak.**

海桐科 Pittosporaceae

海桐属 *Pittosporum*

· A：灌木；叶生于枝顶，3~8 片簇生而呈假轮生状；伞形花序顶生，具花 2~10 朵。

· B：花黄色，长 0.8~1.2cm。

· C：花梗纤细，长 1.5~ 3.5cm，无毛；花冠上部分裂，下部合生。

· D：雄蕊 5 枚；子房长卵形；萼片卵形。

中文名笔画索引

二画

七叶一枝花 / 16

七星莲 / 100

三画

三叶木通 / 44

大花石上莲 / 158

小蜡 / 152

山油柑 / 114

山菅兰 / 34

四画

天南星 / 14

木油桐 / 102

木麻黄 / 92

五爪金龙 / 148

少花龙葵 / 150

日本景天 / 64

中华猕猴桃 / 136

牛膝菊 / 192

毛冬青 / 184

毛草龙 / 106

化香树 / 90

六角莲 / 46

五画

玉叶金花 / 140

石斑木 / 76

石楠 / 74

田野水苏 / 180

禾叶挖耳草 / 168

白马骨 / 142

白车轴草 / 70

白花泡桐 / 182

白背黄花稔 / 128

印度野牡丹 / 108

台湾白点兰 / 30

台湾醉魂藤 / 144

六画

扬子毛茛 / 52

光叶紫玉盘 / 8

吕宋荚蒾 / 194

网脉山龙眼 / 54

竹叶兰 / 20

竹根七 / 38

血水草 / 42

多叶斑叶兰 / 24

多花黄精 / 36

羊乳 / 186

米槠 / 86

阴香 / 10

红花酢浆草 / 94

红豆树 / 68

七画

杜鹃 / 138

两面针 / 116

还亮草 / 50

尾花细辛 / 4

阿拉伯婆婆纳 / 162

忍冬 / 198

八画

青冈 / 88

板蓝 / 164

构 / 82
虎耳草 / 62
金丝桃 / 98
金疮小草 / 170
金樱子 / 78
泽珍珠菜 / 130
线柱兰 / 32

九画

南丹参 / 176
洼果铁线莲 / 48
贵州半蒴苣苔 / 156
冠报春苣苔 / 160
香花鸡血藤 / 66
香港带唇兰 / 28
鬼针草 / 188
闽楠 / 12
闽赣长蒴苣苔 / 154
柔叶关木通 / 6
络石 / 146

十画

夏天无 / 40
峨眉鼠刺 / 60
益母草 / 172
海金子 / 200
流苏贝母兰 / 22

十一画

常山 / 122
野老鹳草 / 104
野百合 / 18
野柿 / 126
蛇莓 / 72
假蚊母 / 56
假婆婆纳 / 132
猫爪藤 / 166
麻楝 / 118

十二画

喜雨草 / 174
韩信草 / 178
黑松 / 2
猴欢喜 / 96
阔萼凤仙花 / 124

十三画

蓟 / 190
蓬藟 / 80
蓪梗花 / 196
楝 / 120

十四画

漆 / 110
赛山梅 / 134

十五画及以上

樟叶槭 / 112
薜荔 / 84
檵木 / 58
镰翅羊耳蒜 / 26

拉丁学名索引

A

Abelia uniflora R. Brown / 196

Acer coriaceifolium Lévl. / 112

Acronychia pedunculata (L.) Miq. / 114

Actinidia chinensis Planch. / 136

Ajuga decumbens Thunb. / 170

Akebia trifoliata (Thunb.) Koidz. / 44

Arisaema heterophyllum Blume / 14

Arundina graminifolia (D. Don) Hochr. / 20

Asarum caudigerum Hance / 4

B

Bidens pilosa L. / 188

Broussonetia papyrifera (L.) L'Hér. ex Vent. / 82

C

Callerya dielsiana (Harms) P. K. Loc ex Z. Wei & Pedley / 66

Castanopsis carlesii (Hemsl.) Hayata. / 86

Casuarina equisetifolia L. / 92

Chukrasia tabularis A. Juss. / 118

Cinnamomum burmanni (Nees & T. Nees) Blume / 10

Cirsium japonicum Fisch. ex DC. / 190

Clematis uncinata Champ. / 48

Codonopsis lanceolata (Sieb. et Zucc.) Trautv. / 186

Coelogyne fimbriata Lindl. / 22

Corydalis decumbens (Thunb.) Pers. / 40

D

Delphinium anthriscifolium Hance / 50

Dianella ensifolia (L.) Redouté / 34

Dichroa febrifuga Lour. / 122

Didymocarpus heucherifolius Hand.-Mazz. / 154

Diospyros kaki var. *silvestris* Makino / 126

Disporopsis fuscopicta Hance / 38

Distyliopsis dunnii (Hemsley) P. K. Endress / 56

Duchesnea indica (Andr.) Focke / 72

Dysosma pleiantha (Hance) Woodson / 46

E

Eomecon chionantha Hance / 42

F

Ficus pumila L. / 84

G

Galinsoga parviflora Cav. / 192

Geranium carolinianum L. / 104

Goodyera foliosa (Lindl) Benth. ex Clarke / 24

H

Helicia reticulata W. T. Wang / 54

Hemiboea cavaleriei Lévl. / 156

Heterostemma brownii Hayata / 144

Hypericum monogynum L. / 98

I

Ilex pubescens Hook. et Arn. / 184

Impatiens platysepala Y. L. Chen / 124

Ipomoea cairica (L.) Sweet / 148

Isotrema molle (Dunn) X. X. Zhu, S. Liao & J. S. Ma / 6

Itea omeiensis C. K. Schneider / 60

L

Leonurus japonicus Houttuyn / 172

Ligustrum sinense Lour. / 152

Lilium brownii F. E. Brown ex Miellez / 18
Liparis bootanensis Griff. / 26
Lonicera japonica Thunb. / 198
Loropetalum chinense (R. Br.) Oliver / 58
Ludwigia octovalvis (Jacq.) Raven / 106
Lysimachia candida Lindl. / 130

M

Macfadyena unguis-cati (L.) A. Gentry / 166
Melastoma malabathricum Linnaeus / 108
Melia azedarach L. / 120
Mussaenda pubescens W. T. Aiton / 140

O

Ombrocharis dulcis Hand.-Mazz. / 174
Oreocharis maximowiczii Clarke / 158
Ormosia hosiei Hemsl. et Wils. / 68
Oxalis corymbosa DC. / 94

P

Paris polyphylla Smith / 16
Paulownia fortunei (Seem.) Hemsl. / 182
Phoebe bournei (Hemsl.) Yang / 12
Photinia serratifolia (Desf.) Kalkman / 74
Pinus thunbergii Parlatore / 2
Pittosporum illicioides Mak. / 200
Platycarya strobilacea Sieb. et Zucc. / 90
Polygonatum cyrtonema Hua / 36
Primulina swinglei (Merr.) Mich. Möller & A. Weber / 160

Q

Quercus glauca Thunb. / 88

R

Ranunculus sieboldii Miq. / 52
Rhaphiolepis indica (Linnaeus) Lindley / 76
Rhododendron simsii Planch. / 138
Rosa laevigata Michx. / 78
Rubus hirsutus Thunb. / 80

S

Salvia bowleyana Dunn / 176
Saxifraga stolonifera Curt. / 62
Scutellaria indica L. / 178
Sedum uniflorum var. *japonicum* (Siebold ex Miq.) H. Ohba / 64
Serissa serissoides (DC.) Druce / 142
Sida rhombifolia L. / 128
Sloanea sinensis (Hance) Hemsl. / 96
Solanum americanum Miller / 150
Stachys arvensis L. / 180
Stimpsonia chamaedryoides Wright ex A. Gray / 132
Strobilanthes cusia (Nees) Kuntze / 164
Styrax confusus Hemsl. / 134

T

Tainia hongkongensis Rolfe / 28
Thrixspermum formosanum (Hayata) Schltr. / 30
Toxicodendron vernicifluum (Stokes) F. A. Barkl. / 110
Trachelospermum jasminoides (Lindl.) Lem. / 146
Trifolium repens L. / 70

U

Utricularia graminifolia Vahl / 168
Uvaria boniana Finet et Gagnep. / 8

V

Vernicia montana Lour. / 102
Veronica persica Poir. / 162
Viburnum luzonicum Rolfe / 194
Viola diffusa Ging. / 100

Z

Zanthoxylum nitidum (Roxb.) DC. / 116
Zeuxine strateumatica (L.) Schltr. / 32